建筑工人职业技能培训教材

测量放线工
（第二版）

住房和城乡建设部干部学院　主编

华中科技大学出版社
中国·武汉

图书在版编目(CIP)数据

测量放线工/住房和城乡建设部干部学院主编. —2版. —武汉:华中科技大学出版社,2017.5
建筑工人职业技能培训教材. 建筑工程施工系列
ISBN 978-7-5680-2383-2

Ⅰ.①测… Ⅱ.①住… Ⅲ.①建筑测量-技术培训-教材 Ⅳ.①TU198

中国版本图书馆 CIP 数据核字(2016)第 287328 号

测量放线工(第二版)　　　　　　住房和城乡建设部干部学院　主编
Celiangfangxiangong(Di-er Ban)

策划编辑:金　紫
责任编辑:曾仁高
封面设计:原色设计
责任校对:张　琳
责任监印:张贵君
出版发行:华中科技大学出版社(中国·武汉)　　电话:(027)81321913
　　　　武汉市东湖新技术开发区华工科技园　　邮编:430223
录　　排:京赢环球(北京)传媒广告有限公司
印　　刷:武汉鑫昶文化有限公司
开　　本:880mm×1230mm　1/32
印　　张:7.25
字　　数:224 千字
版　　次:2017 年 5 月第 2 版第 1 次印刷
定　　价:22.80 元

本书若有印装质量问题,请向出版社营销中心调换
全国免费服务热线:400-6679-118　　竭诚为您服务
版权所有　侵权必究

编审委员会

主编单位：住房和城乡建设部干部学院

编 审 组：边　嫘　　崔秀琴　　邓祥发　　丁绍祥　　方展和　　耿承达
　　　　　　郭晓辉　　郭志均　　洪立波　　胡毅军　　籍晋元　　焦建国
　　　　　　李鸿飞　　彭爱京　　祁政敏　　史新华　　孙　威　　王庆生
　　　　　　王　磊　　王维子　　王振生　　吴松勤　　吴月华　　萧　宏
　　　　　　熊爱华　　张隆新　　张瑞军　　张维德　　赵　键　　邹宏雷

内 容 提 要

本书依据《建筑工程施工职业技能标准》(JGJ/T 314—2016)的要求,结合在建筑工程中实际的操作应用,重点涵盖了测量放线工必须掌握的"基础理论知识""安全生产知识""现场施工操作技能知识"等。

本书主要内容包括测量放线工识图知识,测量基础知识,测量放线工岗位工作及管理,距离测量,水准测量,角度测量,建筑施工测量,竣工测量及地形测绘。

本书可作为四级、五级测量放线工的技能培训教材,也可在上岗前安全培训,以及岗位操作和自学参考中应用。

前　言

2016年3月5日，"工匠精神"首次写入了国务院《政府工作报告》，这也对包括建设领域千千万万的产业工人在内的工匠，赋予了强烈的时代感，提出了更高的素质要求。建筑工人是工程建设领域的主力军，是工程质量安全的基本保障。加快培养大批高素质建筑业技术技能型人才和新型产业工人，对推动社会经济、行业技术发展都有着深远意义。

根据《住房城乡建设部关于加强建筑工人职业培训工作的指导意见》[建人(2015)43号]、《住房城乡建设部办公厅关于建筑工人职业培训合格证有关事项的通知》[建办人(2015)34号]等文件的要求，以及2016年10月1日起正式实施的国家行业标准《建筑工程施工职业技能标准》(JGJ/T 314—2016)、《建筑装饰装修职业技能标准》(JGJ/T 315—2016)、《建筑工程安装职业技能标准》(JGJ/T 306—2016)(以下统称"职业技能标准")的具体规定，为做到"到2020年，实现全行业建筑工人全员培训、持证上岗"，更好地贯彻落实国家及行业主管部门相关文件精神和要求，全面做好建筑工人职业技能教育培训，由住房和城乡建设部干部学院及相关施工企业、培训单位等，组织了建设行业的专家学者、培训讲师、一线工程技术人员及具有丰富施工操作经验的工人和技师等，共同编写这套建筑工人职业技能培训教材。

本套丛书依据"职业技能标准"要求，以实现全面提高建设领域职工队伍整体素质，加快培养具有熟练操作技能的技术工人，尤其是加快提高建筑工人职业技能水平，保证建筑工程质量和安全，促进广大建筑工人就业为目标，以建筑工人必须掌握的"基础理论知识""安全生产知识""现场施工操作技能知识"等为核心进行编制，量身订制并打造了一套适合不同文化层次的技术工人和读者需求的技能培训教材。

本套丛书系统、全面，技术新、内容实用，文字通俗易懂，语言生动简洁，辅以大量直观的图表，非常适合不同层次水平、不同年龄的建筑工人在职业技能培训和实际施工操作中应用。

本套丛书按照"职业技能标准"划分为"建筑工程施工""建筑装饰装修""建筑工程安装"3大系列,并配以《建筑工人安全操作知识读本》,共22个分册。

(1)"建筑工程施工"系列包括《钢筋工》《砌筑工》《防水工》《抹灰工》《混凝土工》《木工》《油漆工》《架子工》和《测量放线工》9个分册,与《建筑工程施工职业技能标准》(JGJ/T 314—2016)划分的建筑施工工种相对应。

(2)"建筑装饰装修"系列包括《镶贴工》《装饰装修木工》《金属工》《涂裱工》《幕墙制作工》和《幕墙安装工》6个分册,与《建筑装饰装修职业技能标准》(JGJ/T 315—2016)划分的装饰装修工种相对应。

(3)"建筑工程安装"系列包括《电焊工》《电气设备安装调试工》《安装钳工》《安装起重工》《管道工》《通风工》6个分册,与《建筑工程安装职业技能标准》(JGJ/T 306—2016)划分的建筑安装工种相对应。

由于时间限制,以及编者水平有限,本书难免有疏漏之处,欢迎广大读者批评指正,以便本丛书再版时修订。

编 者

2017年2月 北京

目 录

导言 …………………………………………………………… 1

上篇　测量放线工岗位基础知识

第一章
测量放线工识图知识 …………………………………… 13

第一节　建筑识图基本方法 ……………………………… 13
　一、施工图分类和作用 ………………………………… 13
　二、阅读施工图的基本方法 …………………………… 16
第二节　测量放线工相关识图重点 ……………………… 17
　一、建筑定位轴线 ……………………………………… 17
　二、测量放线识图要点 ………………………………… 18
　三、建筑立面图识读要点 ……………………………… 21
　四、建筑剖面图识读要点 ……………………………… 22
　五、建筑详图识读要点 ………………………………… 23
　六、结构施工图识读要点 ……………………………… 25
　七、基础图识读要点 …………………………………… 25
　八、单层工业厂房识图要点 …………………………… 26

第二章
测量基础知识 …………………………………………… 28

第一节　测量坐标系 ……………………………………… 28
　一、大地坐标系 ………………………………………… 28
　二、平面直角坐标系 …………………………………… 29

三、高斯平面坐标系 …………………………………… 30
四、空间直角坐标系 …………………………………… 32
第二节 确定地面点 ………………………………………… 33
一、高程及高差 ………………………………………… 33
二、坡度 ………………………………………………… 35
第三节 测量误差 …………………………………………… 36
一、误差及产生原因 …………………………………… 36
二、测量误差的分类 …………………………………… 37
三、衡量误差的标准 …………………………………… 38
四、误差传播定律及应用 ……………………………… 41
五、等精度直接观测值的最可靠值 …………………… 43
第四节 常用测量单位与换算 ……………………………… 47
一、角度单位及换算 …………………………………… 47
二、长度单位及换算 …………………………………… 47
三、面积单位及换算 …………………………………… 48

第三章
测量放线工岗位工作及管理 ……………………… 49

第一节 施工测量工作主要内容 …………………………… 49
一、施工测量工作要求 ………………………………… 49
二、测量放线工岗位工作职责 ………………………… 50
第二节 测量仪器使用与保管要求 ………………………… 54
一、测量仪器的领用与检查 …………………………… 54
二、测量仪器的正确使用要点 ………………………… 54
三、测量仪器的检验与校正要点 ……………………… 55
四、光电仪器的使用要点 ……………………………… 55
五、钢尺、水准尺与标杆的使用 ……………………… 56
第三节 测量放线作业安全知识 …………………………… 56
一、现场施工安全管理基本知识 ……………………… 56
二、现场施工安全操作基本规定 ……………………… 58

三、测量放线工安全操作要求 …………………………………… 66

下篇　测量放线工岗位操作技能

第四章
距离测量 ………………………………………………………… 71

第一节　普通量距 …………………………………………… 71
一、钢尺量距 …………………………………………… 71
二、直线定线 …………………………………………… 77

第二节　视距测量法 ………………………………………… 81
一、测量仪器及操作 …………………………………… 81
二、视距测量的方法 …………………………………… 85
三、视距测量公式的推证 ……………………………… 86

第三节　直线定向 …………………………………………… 87
一、标准方向的种类 …………………………………… 87
二、表示直线方向的方法 ……………………………… 88
三、几种方位角之间的关系 …………………………… 88
四、正反坐标方位角 …………………………………… 89
五、坐标方位角的推算 ………………………………… 90

第四节　用罗盘仪测定磁方位角 …………………………… 91
一、罗盘仪的构造 ……………………………………… 91
二、用罗盘仪测定直线磁方位角的方法 ……………… 92

第五章
水准测量 ………………………………………………………… 93

第一节　水准测量原理及仪器 ……………………………… 93
一、水准测量的基本原理 ……………………………… 93
二、水准尺和尺垫 ……………………………………… 94
三、微倾式水准仪 ……………………………………… 96

四、精密水准仪 …………………………………… 103
　　五、自动安平水准仪 ………………………………… 107
　第二节　水准测量及校核方法 ……………………………… 109
　　一、水准测量方法 …………………………………… 109
　　二、水准测量校核方法 ……………………………… 114
　　三、水准测量误差及消减 …………………………… 115
　第三节　施测中操作要领及注意事项 …………………… 117
　　一、施测过程中的注意事项 ………………………… 117
　　二、望远镜读尺要领 ………………………………… 118
　　三、测量中指挥信号要点 …………………………… 119

第六章
角度测量 ……………………………………………………… 121

　第一节　角度测量原理及仪器 …………………………… 121
　　一、角度测量原理 …………………………………… 121
　　二、角度测量仪器 …………………………………… 123
　第二节　经纬仪安置及角度测量 ………………………… 128
　　一、经纬仪的安置 …………………………………… 128
　　二、瞄准和读数 ……………………………………… 130
　　三、经纬仪的检验与校正 …………………………… 131
　第三节　水平角和竖直角测量方法 ……………………… 135
　　一、水平角的测量方法 ……………………………… 135
　　二、竖直角的测量方法 ……………………………… 140
　　三、角度测量操作要领及注意事项 ………………… 140

第七章
建筑施工测量 ………………………………………………… 142

　第一节　施工测量准备工作 ……………………………… 142
　　一、施工测量准备工作目的及内容 ………………… 142
　　二、校核施工图 ……………………………………… 144

三、校核建筑红线桩和水准点 …………………………… 146
第二节 施工前施工控制网的建立 ………………………… 147
　一、基本要求 …………………………………………… 147
　二、建筑方格网 ………………………………………… 148
　三、建筑基线的布置 …………………………………… 152
　四、测设工作的高程控制 ……………………………… 153
第三节 场地平整施工测量 ………………………………… 153
　一、土方方格网的测设及挖(填)土方量计算 ………… 153
　二、零线位置的标定 …………………………………… 158
　三、土石方量的测算方法 ……………………………… 159
第四节 定位放线测量 ……………………………………… 159
　一、测设前的准备工作 ………………………………… 159
　二、建筑物的定位 ……………………………………… 160
　三、建筑物的放线 ……………………………………… 162
第五节 工业厂房建筑施工测量 …………………………… 163
　一、厂房控制网的测设 ………………………………… 163
　二、柱列轴线的测设与柱列基础放线 ………………… 164
　三、柱子安装测量 ……………………………………… 166
　四、吊车梁、轨安装测量 ……………………………… 168
　五、屋架安装测量 ……………………………………… 170
第六节 建筑物的变形观测 ………………………………… 170
　一、变形观测特点和基本措施 ………………………… 170
　二、沉降观测 …………………………………………… 171
　三、倾斜观测 …………………………………………… 177
　四、裂缝观测 …………………………………………… 178
　五、位移观测 …………………………………………… 179
第七节 市政工程施工测量 ………………………………… 181
　一、道路工程的施工测量 ……………………………… 181
　二、管道工程的施工测量 ……………………………… 193
　三、桥涵工程施工测量 ………………………………… 196

第八章
竣工测量及地形测绘 …… 199

第一节 地形图测绘 …… 199
一、碎部点平面位置的测绘 …… 199
二、经纬仪测绘法 …… 200
三、地形图的绘制 …… 202
第二节 竣工测量及竣工图绘制 …… 203
一、建筑竣工图绘制 …… 203
二、市政工程竣工测量 …… 206

附录
测量放线工职业技能考核模拟试题 …… 210

参考文献 …… 217

导 言

依据《建筑工程施工职业技能标准》(JGJ/T 314—2016)规定,建筑工程施工职业技能等级由低到高分为职业技能五级、职业技能四级、职业技能三级、职业技能二级和职业技能一级,分别对应"初级工""中级工""高级工""技师"和"高级技师"。

按照建筑工人职业技能培训考核规定,在取得本职业职业技能五级证书后方可申报考核四级证书,结合建筑工程现场施工的实际情况以及建筑工人文化水平层次不同、技能水平差异等,本书重点涵盖了职业技能五级(初级工)、职业技能四级(中级工)和职业技能三级(高级工,安全及现场操作技能部分)应掌握的知识内容,以更好地适合职业培训需要,也可作为建筑工人现场施工应用的技术手册。

1. 四级、五级测量放线工职业技能模块划分及要求

(1)职业技能模块划分。

"职业技能标准"中,把职业技能分为安全生产知识、理论知识、操作技能三个模块,分别包括下列内容。

1)安全生产知识:安全基础知识、施工现场安全操作知识两部分内容。

2)理论知识:基础知识、专业知识和相关知识三部分内容。

3)操作技能:基本操作技能、工具设备的使用与维护、创新和指导三部分内容。

(2)职业技能基本要求。

1)职业技能五级:能运用基本技能独立完成本职业的常规工作;能识别常见的建筑工程施工材料;能操作简单的机械设备并进行例行保养。

2)职业技能四级:能熟练运用基本技能独立完成本职业的常规工作;能运用专门技能独立或与他人合作完成技术较为复杂的工作;能区分常见的建筑工程施工材料;能操作常用的机械设备并进行一般的维修。

2. 五级测量放线工职业要求和职业技能

（1）五级测量放线工职业要求，见表 0-1。

表 0-1　　　　　　职业技能五级测量放线工职业要求

项次	分类	专业知识
1	安全生产知识	(1)掌握工器具的安全使用方法； (2)熟悉劳动防护用品的功用； (3)了解安全生产基本法律法规
2	理论知识	(4)掌握测量工作基本概念、基本内容及测量工作程序的基本原则； (5)掌握普通水准仪、经纬仪操作使用方法和仪器保养知识； (6)熟悉普通测距工具的使用方法及操作要领； (7)了解识图的基本知识，看懂分部分项施工图，并能校核小型、简单建筑物三面投影图的关系和尺寸； (8)了解工程构造的基本知识、一般建筑工程施工程序及对测量放线的基本要求，本职业与相关职业的关系； (9)了解点的平面坐标、标高、长度、坡角、角度、面积、体积的计算方法和一般函数型计算器的使用知识；了解普通水准仪、经纬仪的构造、性能；了解测量误差的基本知识和测量坐标系统； (10)了解水准测量方法及测设检验标高、角度测量方法及测设检验角度、距离测量方法及钢尺测距误差改正； (11)了解测量基准点的检验方法和保护措施； (12)了解施工验收规范和质量评定标准、测量记录、计算工作的基本要求
3	操作技能	(13)熟练进行普通水准仪操作，仪器安置、一次精密定平、抄水平线、设水平桩和皮数杆、简单方法平整场地的施测和短距离水准点的引测； (14)熟练进行水准测量转点的选择，正确使用水准尺和尺垫，记录规范； (15)熟练进行普通经纬仪的操作，仪器安置、标定直线、延长直线和竖向投测，正确读数和记录，正确使用标杆、测钎、觇牌、垂球线等照准标志； (16)熟练进行距离丈量，用钢尺测设水平距离及垂线测设，拉力计、弹簧秤、温度计的正确使用，了解成果整理和计算； (17)熟练进行测量仪器、工具的妥善保管、维护及安全搬运和安全使用； (18)能够进行打桩定点、埋设施工用半永久性测量标志、做桩位设点的记号、设置龙门板、垂球吊装、撒灰线、弹墨线； (19)能够进行小型建筑物的定位、放线

(2)五级测量放线工职业技能,见表0-2。

表0-2　　　　　职业技能五级测量放线工技能要求

项次	项目	范围	内容
安全生产知识	安全基础知识	法规与安全常识	(1)安全生产的基本法规及安全常识
	施工现场安全操作知识	安全生产	(2)劳动防护用品、工器具的正确使用
		操作流程	(3)安全生产操作规程
理论知识	基础知识	识图	(4)建筑制图的基本知识和投影概念; (5)建筑工程施工图的基本知识并看懂部分施工图; (6)能校核小型、简单建筑物三面投影图的关系和尺寸
		工程构造	(7)民用建筑构造与主要组成; (8)工业建筑构造与主要组成
		应用数学	(9)相关计量知识; (10)代数、平面几何、三角函数计算及函数型计算器的一般使用
	专业知识	测量理论与误差知识	(11)测量基本概念、基本理论及测量工作程序的基本原则; (12)测量坐标系及坐标正、反算; (13)测量误差的基本理论
		水准测量	(14)水准测量的原理及方法; (15)常规水准仪的构造及操作使用; (16)高程引测与成果记录; (17)测设已知高程
		角度测量	(18)水平角和垂直角观测原理; (19)常规经纬仪的构造及操作使用; (20)水平角、垂直角观测及记录; (21)测设已知角度
		距离测量	(22)常规测距工具的正确使用; (23)钢尺量距误差改正; (24)电磁波测距原理及基本操作

续表

项次	项目	范围	内容
理论知识	专业知识	测设工作	(25)运用常规仪器、工具,以合理的测量手段,测设点位; (26)各类测量标志制作,绘制点之记; (27)低级控制点(桩)校核方法及校核计算; (28)小型、简单建筑物及道路等的定位、放线
		质量标准	(29)各类测量法规、规范、规程、准则和标准; (30)测量工作符合技术标准要求
	相关知识	仪器安全与保养	(31)测量仪器的常规保养与维护; (32)仪器的运输与装箱规定; (33)现场作业仪器安全与操作规定
		班组管理	(34)班组内团结协作; (35)与其他工种协调作业
操作技能	基本操作技能	水准测量	(36)正确安置水准仪并知道仪器各部件名称及使用方法;正确使用水准尺和尺垫等工具; (37)进行一定距离内连续水准测量并记录; (38)进行短距离闭合环水准测量; (39)根据已知高程测设出设计高程点
		角度测量	(40)正确安置经纬仪,知道仪器各部件名称、使用方法及正确读数,熟悉照准标志及瞄准方法; (41)使用测回法观测水平角并记录; (42)垂直角观测; (43)盘左、盘右做直线延长线; (44)根据已知夹角,测设出设计角度

续表

项次	项目	范围	内容
操作技能	基本操作技能	距离测量	(45)卷尺及测钎、标杆、垂球、拉力计等丈量工具的使用; (46)视距测量、电磁波测距等间接量距手段的辅助工作; (47)一尺段内钢尺往返量距及三差改正计算; (48)多尺段直线定向、往返量距及距离计算; (49)直线垂直线测设; (50)倾斜地面距离丈量及换算
		测设工作	(51)红线桩校测与校算计算放样数据、测设建筑物及道路设计点位; (52)验测放样结果; (53)填写报表
		质量标准	(54)质量自检
	工具设备的使用与维护	仪器使用与维护	(55)正确选用操作测量仪器; (56)常规测量仪器日常保养; (57)测量三脚架检测维修
		工具使用	(58)水平尺、线坠找平、吊线与弹线; (59)制作木桩等测量标志

3. 四级测量放线工职业要求和职业技能

(1)四级测量放线工职业要求,见表0-3。

表0-3　　　　　　职业技能四级测量放线工职业要求

项次	分类	专业知识
1	安全生产知识	(1)掌握本工种安全生产操作规程; (2)熟悉安全生产基本常识及常见安全生产防护设施的功用; (3)了解安全生产基本法律法规

续表

项次	分类	专业知识
2	理论知识	(4)掌握自动安平水准仪的构造及操作使用,了解普通水准仪的检校原理和步骤,掌握水准路线布设和测设高程; (5)掌握普通全站仪和电子经纬仪的构造及操作使用,了解普通经纬仪检校原理和步骤; (6)掌握视距测量、光电测距和激光准直仪器在施工测量中的一般应用; (7)熟悉制图的基本知识,看懂并审核施工总平面图和有关测量放线施工图的关系和尺寸; (8)熟悉常规建筑构造、建筑结构设计的基本知识,熟悉一般建筑工程施工特点及对测量放线的基本要求; (9)熟悉测量计算的数学知识和函数型计算器的使用知识,会进行一般内业计算。熟悉测量基准点的检验方法和保护措施; (10)了解测量误差的来源、分类、性质及处理原则,测量误差的精度评定标准及限差设定,测量成果的精度要求,误差产生主要原因和消减办法; (11)了解根据测量方案布设场地平面和高程控制网的方法,了解常规工程测量放线方案编制知识; (12)了解沉降观测基本知识和竣工平面图的测绘要求
3	操作技能	(13)熟练进行普通水准线路测量、水准成果简单计算、场地平整施测及土方计算; (14)熟练进行经纬仪测设方向点、坐标法或交会法测设点位、圆曲线的计算与测设; (15)熟练进行红线桩数据计算复核及现场校测; (16)熟练进行常规建筑物定位放线; (17)能够进行导线测量、竣工测量; (18)能够进行沉降观测; (19)会制定常规工程施工测量放线方案,并组织实施; (20)会根据测量基准点,测设常规工程场地控制网或建筑主轴线

(2)四级测量放线工职业技能,见表0-4。

表 0-4　　　　　　　　　职业技能四级测量放线工技能要求

项次	项目	范围	内容
安全生产知识	安全基础知识	法规与安全常识	(1)安全生产的基本法规及安全常识
	施工现场安全操作知识	安全操作	(2)安全生产操作规程
		文明施工	(3)工完料清,文明施工
理论知识	基础知识	识图	(4)建筑制图和建筑施工图的基本知识; (5)建筑施工总平面图的识读、审核; (6)能校核有关测量放线施工的关系和尺寸
		工程构造	(7)建筑构造基本知识; (8)建筑结构设计相关知识
		应用数学	(9)代数、平面几何、三角函数计算; (10)函数型计算器的熟练使用
	专业知识	测量理论与误差知识	(11)误差的分类、处理原则及精度评定标准; (12)中误差、边角精度匹配及点误差; (13)观测值精度评定及误差处理方法
		坐标转换	(14)不同测量坐标系的特点; (15)坐标系间平面坐标转换计算
		水准测量	(16)水准测量的原理及方法; (17)自动安平水准仪的构造及操作使用; (18)水准测量成果校核与调整; (19)水准路线布设及常用水准测量方法
		角度测量	(20)全站仪的构造及操作使用; (21)电子经纬仪的构造及操作使用; (22)全圆测回法测量水平角; (23)测设直线
		距离测量与准直测量	(24)水平视线视距测量; (25)使用全站仪、光电测距仪测距; (26)三角高程测量; (27)激光准直经纬仪测量; (28)光学、激光垂准仪测量

续表

项次	项目	范围	内 容
理论知识	专业知识	测设工作	(29)制定一般测量方案； (30)图纸及现场桩位校核； (31)一般场地控制测设； (32)场地平整、圆曲线测设及一般建筑物定位放线； (33)竖向控制、沉降观测、竣工测量
		质量标准	(34)各类测量法规、规范、规程、准则和标准的技术要求； (35)ISO 9000 质量体系及对测量管理的基本要求
	相关知识	仪器安全与保养	(36)测量仪器的常规保养与维护； (37)电子仪器的保养与维护要求； (38)现场作业仪器安全与操作规定
		班组管理	(39)班组管理工作、与相关工种协调； (40)班组工作质量控制
操作技能	基本操作技能	水准测量	(41)常规水准仪构造及使用方法； (42)分别做附合水准路线、闭合水准路线测量； (43)测量成果平差； (44)路线纵断面测量
		角度测量	(45)测回法测设水平角； (46)全圆测回法测水平角； (47)盘左、盘右做直线延长线； (48)前方交会测量
		距离测量	(49)全站仪、光电测距仪操作使用； (50)水平、倾斜测距； (51)水平视线视距测量； (52)三角高程及悬高测量

续表

项次	项目	范围	内容
操作技能	基本操作技能	测设工作	(53)红线桩校测与校算； (54)导线测量及计算； (55)一般场地控制测量； (56)建筑物、圆曲线定位放； (57)竖向控制与标高传递； (58)沉降观测
		质量标准	(59)质量互检
	工具设备的使用与维护	仪器使用与维护	(60)了解仪器构造,正确使用与保养； (61)常规水准仪 i 角的抵消方法； (62)常规经纬仪轴系误差的抵消方法； (63)反射棱镜检校
		工具使用与维护	(64)合理使用常用工具和专用工具,做好维护和保养工作

本书根据"职业技能标准"中关于测量放线工职业技能五级(初级工)、职业技能四级(中级工)和职业技能三级(高级工,安全及现场操作技能部分)的职业要求和技能要求编写,理论知识以易懂够用为准绳,重点突出既能满足职业技能培训需要,也能满足现场施工实际操作应用,提高工人操作技能水平的作用,也可供职业技能二级、一级的人员(技师及高级技师)参考应用。

上篇 测量放线工岗位基础知识

第一章　测量放线工识图知识

第二章　测量基础知识

第三章　测量放线工岗位工作及管理

第一章 测量放线工识图知识

第一节 建筑识图基本方法

一、施工图分类和作用

1. 施工图的产生

一项建筑工程项目从制订计划到最终建成,须经过一系列的过程,房屋的设计是其中一个重要环节。通过设计,最终形成施工图,作为指导房屋建设施工的依据。房屋的设计工作分为初步设计、施工图设计、技术设计三个阶段。对于大型、较为复杂的工程,设计时采用三个阶段进行;一般工程的设计则常按初步设计和施工图设计两个阶段进行。

(1)初步设计。

当确定建造一幢房屋后,设计人员根据建设单位的要求,通过调查研究、收集资料、反复综合构思,做出的方案图,即为初步设计。内容包括建筑物的各层平面布置、立面及剖面形式、主要尺寸及标高、设计说明和有关经济指标等。初步设计应报有关部门审批。对于重要的建筑工程,应多做几个方案,并绘制透视图,加以色彩,以便建设单位及有关部门进行比较和选择。

(2)施工图设计。

在已批准的初步设计基础上,为满足施工的具体要求,分建筑、结构、采暖、给排水、电气等专业进行深入细致的设计,完成一套完整的反映建筑物整体及各细部构造、结构和设备的图样以及有关的技术资料,即为施工图设计,产生的全部图样称为施工图。

(3)技术设计。

技术设计是对重大项目和特殊项目为进一步解决某些具体技术问题,或确定某些技术方案而进行的设计。具体来说,它是为进一步确定初步设计中所采用的工艺流程和建筑、结构上的主要技术问题,校正设备选择、建设规模及一些技术经济指标而对建设项目增加的一个设计阶段。有时可将技术设计的一部分工作纳入初步设计阶段,称为扩大初步设计,简称"扩初",另一部分工作则留在施工图设计阶段进行。

2. 建筑工程施工图分类

(1) 建筑施工图的基本要求。

建筑工程施工图是一种能够准确表达建筑物的外形轮廓、大小尺寸,结构形式、构造方法和材料做法的图样,是沟通设计和施工的桥梁。施工图是设计单位最终的"技术产品",施工图设计的最终文件应满足四项要求:

1) 能据以编制施工图预算;

2) 能据以安排材料、设备订货和非标准设备的制作;

3) 能据以进行施工和安装;

4) 能据以进行工程验收。施工图是进行建筑施工的依据,施工图设计单位对建设项目建成后的质量及效果,负有相应的技术与法律责任。

因此,常说"必须按图施工"。即使是在建筑物竣工投入使用后,施工图也是对该建筑进行维护、修缮、更新、改建、扩建的基础资料。特别是一旦发生质量或使用事故,施工图则是判断技术与法律责任的主要依据。

(2) 施工图的分类。

施工图纸一般按专业进行分类,分为建筑、结构、设备(给排水、采暖通风、电气)等几类,分别简称为"建施""结施""设施"("水施""暖施""电施")。每一种图纸又分基本图和详图两部分。基本图表明全局性的内容,详图表明某一局部或某一构件的详细尺寸和材料做法等。

1) 建筑施工图(简称建施):主要说明建筑物的总体布局、外部造型、内部布置、细部构造、装饰装修和施工要求等,其图纸主要包括总平面图、建筑平面图、建筑立面图、建筑剖面图、建筑详图等。

2) 结构施工图(简称结施):主要说明建筑的结构设计内容,包括结构构造类型、结构的平面布置、构件的形状、大小、材料要求等,其图纸主要有结构平面布置图、构件详图等。

3) 设备施工图(简称设施):包括给水、排水、采暖通风、电气照明等各种施工图,主要有平面布置图、系统图等。

3. 施工图的编排顺序

一套建筑施工图往往有几十张,甚至几百张,为了便于看图,便于查找,应当把这些图纸按顺序编排。

建筑施工图的一般编排顺序是图纸目录、施工总说明、建筑施工图等。

各专业的施工图,应按图纸内容的主次关系进行排列。例如:基本图在前,详图在后;布置图在前,构件图在后;先施工的图在前,后施工的图在后等。

表 1-1 为施工图图纸目录,它是按照图纸的编排顺序将图纸统一编号,通常放在全套图纸的最前面。

表 1-1 ×××工程施工图目录

序 号	图 号	图 名	备 注
1	总施-1	工程设计总说明	
2	总施-2	总平面图	
3	建施-1	首层平面图	
4	建施-2	二层平面图	
……			
13	结施-1	基础平面图	
14	结施-2	基础详图	
……			
21	水施-1	首层给排水平面图	
……			
28	暖施-1	首层采暖平面图	
……			
30	电施-1	首层电气平面图	
31	电施-2	二层电气平面图	
……			

二、阅读施工图的基本方法

1. 读图应具备的基本知识

施工图是根据投影原理,用图纸来表明房屋建筑的设计和构造做法的。因此,要看懂施工图的内容,必须具备以下基本知识:

(1)应熟练掌握投影原理和建筑形体的各种表示方法;

(2)熟悉房屋建筑的基本构造;

(3)熟悉施工图中常用图例、符号、线型、尺寸和比例等的意义和有关国家标准的规定。

2. 阅读施工图的基本方法与步骤

要准确、快速地阅读施工图纸,除了要具备上面所说的基本知识外,还需掌握一定的方法和步骤。图纸的阅读可分三大步骤进行。

(1)第一步:按图纸编排顺序阅读。

通过对建筑的地点、建筑类型、建筑面积、层数等的了解,对该工程有一个初步的了解;

再看图纸目录,检查各类图纸是否齐全;了解所采用的标准图集的编号及编制单位,将图集准备齐全,以备查看;

然后按照图纸编排顺序,即建筑、结构、水、暖、电的顺序对工程图纸逐一进行阅读,以便对工程有一个概括、全面的了解。

(2)第二步:按工序先后,相关图纸对照读。

先从基础看起,根据基础了解基坑的深度、基础的选型、尺寸、轴线位置等,另外还应结合地质勘探图,了解土质情况,以便施工中核对土质构造,保证施工质量;然后按照基础—结构—建筑,并结合设备施工程序进行阅读。

(3)第三步:按工种分别细读。

由于施工过程中需要不同的工种完成不同的施工任务,所以为了全面准确地指导施工,考虑各工种的衔接以及工程质量和安全作业等措施,还应根据各工种的施工工序和技术要求将图纸进一步分别细读。例如,砌砖工要了解墙厚、墙高、门窗洞口尺寸、窗口是否有窗套或装饰线等;钢筋工则应注意凡是有钢筋的图纸,都要细看,这样才能配料和绑扎。

总之,施工图阅读总原则是,从大到小、从外到里、从整体到局部,有关图纸对照读,并注意阅读各类文字说明。看图时应将理论与实践相结合,联系生产实践,不断反复阅读,才能尽快掌握方法。

第二节 测量放线工相关识图重点

一、建筑定位轴线

1. 建筑定位轴线的作用

它是用来确定建(构)筑物主要结构或构件位置及尺寸的控制线。如决定墙体位置、柱子位置、屋架、梁、板、楼梯的位置等主要部位都要编轴线。在平面图中,横向与纵向的轴线构成轴线网,它是设计绘图时决定主要结构位置和施工时测量放线的基本依据。一般情况下主要结构或构件的自身中线与定位轴线是一致的。但也常有不一致的情况,这在审图、放线和向施工人员交底时,均应特别注意,以防放错线、用错线而造成工程错位事故。

2. 审校定位轴线图

由于定位轴线是确定建(构)筑物主要结构或构件位置及尺寸的控制线。因此,严格审校好定位轴线图中的各种尺寸、角度关系是以后审校平面图的基础,尤其是大型、复杂建(构)筑物的定位轴线图。

(1)定位轴线图的图形根据建(构)筑物的造型布置可分为:

1)矩形直线型轴线。这是最常用的、也是最简单的轴线。但当建筑平面分成几区时,则应注意各分区轴线间的关系尺寸。如图1-1中,1区的⑭轴与2区的㉔轴东西贯通,1区的⑫轴与3区㉝轴南北贯通;在没有贯通时,如1区的⑭轴与3区的㉟轴是相重合的,1区的⑫轴与2区的㉓轴的东西间距y在图中应注明,以明确各分区间关系。

2)多边折线型轴线,折线"S"形轴线、对称蝶形轴线。

3)圆弧曲线型轴线,三面圆弧形轴线、"S"形圆弧轴线。

4)二次曲线型轴线,如椭圆、双曲线、抛物线轴线。

5)复杂曲线型轴线,如蜗牛状复杂曲线。

(2)定位轴线图的审校要遵守以下原则:

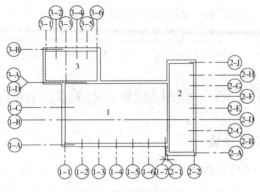

图 1-1 矩形直线型轴线

1)先校整体、后查细部。即先对整个建筑场地和建筑物四周轮廓尺寸的闭合校核无误后,再校核各细部尺寸。

2)先审定基本依据数据、再校核推导数据。例如一段圆曲线的校核,一般折角 α 与半径 R 是基本依据,而圆弧长 L、切线长 T、弦长 C、外距 E 及矢高 M 则是推导数据,基本依据数据必须是原始的、正确的,才能用于对推导数据的校核。

3)必须有独立有效的计算校核准则。

4)工程总体布局合理、适用,各局部布置符合各种规范要求。前三项审校都是对几何尺寸的审校,本项审核则属于工程功能、工程构造与工程施工等方面的审校,如建筑物的间距应满足防火、日照及施工的需要,这方面的审核就要有丰富的工程知识和实践经验。

二、测量放线识图要点

1. 总平面图识读要点

(1)总平面图及作用。在画有等高线或坐标方格网的地形图上,画上新建工程及其周围原有建筑物、构筑物及拆除房屋的外轮廓的水平投影,以及场地、道路、绿化等的平面布置图形,即为总平面图。

总平面图是表明新建房屋在基地范围内的总体布置图,是用来作为新建房屋的定位、施工放线、土方施工和布置现场(如建筑材料的堆放场地、构件预制场地、运输道路等),以及设计水、暖、电、煤气等管线总平面图的依据。

(2)总平面图的基本内容。

1)总平面图常采用较小的比例绘制,如1∶500,1∶1000,1∶2000。总平面图上坐标、标高、距离,均以"m"为单位。

2)表明新建区的总体布局,如拨地范围,各建筑物及构筑物的位置,道路、管网的布置等。

3)表明新建房屋的位置、平面轮廓形状和层数;新建建筑与相邻的原有建筑或道路中心线的距离;还应表明新建建筑的总长与总宽;新建建筑物与原有建筑物或道路的间距,新增道路的间距等。

4)表明新建房屋底层室内地面和室外整平地面的绝对标高,说明土方填挖情况、地面坡度及雨水排除方向。

5)标注指北针或风玫瑰图,用以说明建筑物的朝向和该地区常年的风向频率。

6)根据工程的需要,有时还有水、暖、电等管线总平面图、各种管线综合布置图、竖向设计图、道路纵横剖面图以及绿化布置图。

(3)阅读总平面图的步骤。

总平面图的阅读步骤如下:

1)看图样的比例、图例及相关的文字说明;

2)了解工程的性质、用地范围和地形、地物等情况;

3)了解地势高低;

4)明确新建房屋的位置和朝向、层数等;

5)了解道路交通情况,了解建筑物周围的给水、排水、供暖和供电的位置,管线布置走向;

6)了解绿化、美化的要求和布置情况。

当然这只是阅读平面图的基本步骤,每个工程的规模和性质各不相同,阅读的详略也各不相同。

(4)测量放线工读总平面图要点。

1)阅读文字说明、熟悉总图图例并了解图的比例尺、方位与朝向的关系。

2)了解总体布置、地物、地貌、道路、地上构筑物、地下各种管网布置走向,以及水、暖、煤气、电力、电信等在新建建筑物中的引入方向。

3)对于测量人员要特别注意查清新建建筑物位置和高程的定位依

据和定位条件。

2. 建筑平面图识读要点

(1)建筑平面图的形成与作用。

建筑平面图是假想用一水平的剖切平面沿房屋的门窗洞口将整个房屋切开,移去上半部分,对其下半部分作出水平剖面图,称为建筑平面图。

建筑平面图是表达了建筑物的平面形状、走廊、出入口、房间、楼梯、卫生间等的平面布置,以及墙、柱、门窗等构配件的位置、尺寸、材料和做法等内容的图样。

建筑平面图是建筑施工图中最重要、最基本的图样之一,它用以表示建筑物某一层的平面形状和布局,是施工放线、墙体砌筑、门窗安装、室内外装修的依据。

(2)基本内容。

1)通过图名,可以了解这个建筑平面图表示的是房屋的哪一层平面,比例根据房屋的大小和复杂程度而定。建筑平面图的比例宜采用1∶50,1∶100,1∶200。

2)建筑物的朝向、平面形状、内部的布置及分隔、墙(柱)的位置、门窗的布置及其编号。

3)纵横定位轴线及其编号。

4)尺寸标注。

①外部三道尺寸:总尺寸、轴线尺寸(开间及进深)、细部尺寸(门窗洞口、墙垛、墙厚等)。

②内部尺寸:内墙墙厚、室内净空大小、内墙上门窗的位置及宽度等。

③标高:室内外地面、楼面、特殊房间(卫生间、盥洗室等)楼(地)面、楼梯休息平台、阳台等处建筑标高。

5)剖面图的剖切位置、剖视方向、编号。

6)构配件及固定设施的定位,如阳台、雨篷、台阶、散水、卫生器具等,其中吊柜、洞槽、高窗等用虚线表示。

7)有关标准图及大样图的详图索引。

(3)建筑平面图的读图要点。

1)多层建筑物的各层平面图,原则上应从首层平面图(有地下室时应从地下室)读起,逐层读到顶层平面图。必须注意每层平面图上的文字说明,尺寸要以轴线图为准。

2)每层平面图先从轴线开始读起,记准开间、进深尺寸,再看墙厚、柱子的尺寸及其与轴线的关系,门窗尺寸和位置等。一般应按先大后小、先粗后细、先结构后装饰的顺序进行。最后可按不同的房间,逐个掌握图纸表达的内容。

3)检查尺寸与标高有无注错或遗漏。

4)仔细核对门窗型号和数量,掌握内装饰的各处做法。

5)结合结构布置图,设备系统平面图识读,互相参照,以利施工。

三、建筑立面图识读要点

1. 形成与作用

为了表示房屋的外貌,通常将房屋的四个主要的墙面向与其平行的投影面进行投射,所画出的图样称为建筑立面图。

立面图表示建筑的外貌、立面的布局造型,门窗位置及形式,立面装修的材料,阳台和雨篷的做法以及雨水管的位置。立面图是设计人员构思建筑艺术的体现。在施工过程中,立面图主要用于室外装修。

2. 建筑立面图的命名

(1)以建筑墙面的特征命名。将反映主要出入口或比较显著地反映房屋外貌特征的墙面,称为"正立面图"。其余立面称为"背立面图"和"侧立面图"。

(2)按各墙面朝向命名。如"南立面图""北立面图""东立面图"和"西立面图"等。

(3)按建筑两端定位轴线编号命名。如①~⑨立面图等。

3. 建筑立面图基本内容

(1)建筑立面图的比例与平面图的比例一致,常用 1∶50,1∶100,1∶200的比例尺绘制。

(2)室外地面以上的外轮廓、台阶、花池、勒脚、外门、雨篷、阳台、各层窗洞口、挑檐、女儿墙、雨水管等的位置。

(3)外墙面装修情况,包括所用材料、颜色、规格。

(4)室内外地坪、台阶、窗台、窗上口、雨篷、挑檐、墙面分格线、女儿墙、水箱间及房屋最高顶面等主要部位的标高及必要的高度尺寸。

(5)有关部位的详图索引,如一些装饰、特殊造型等。

(6)立面左右两端的轴线标注。

4. 建筑立面图读图要点

(1)应根据图名或轴线编号对照平面图,明确各立面图所表示的内容是否正确。

(2)检查立面图之间有无不吻合的地方,通过识读立面图,联系平面图及剖面图建立建筑物的整体概念。

四、建筑剖面图识读要点

1. 形成与作用

建筑剖面图主要用来表达房屋内部沿垂直方向各部分的结构形式、组合关系、分层情况、构造做法以及门窗高、层高等,是建筑施工图的基本样图之一。

剖面图通常是假想用一个或多个垂直于外墙轴线的铅垂剖切平面将整幢房屋剖开,经过投射后得到的正投影图,称为建筑剖面图。

剖面图的数量根据房屋的具体情况和施工的实际需要而决定。一般剖切平面选择在房屋内部结构比较复杂、能反映建筑物整体构造特征以及有代表性的部位剖切。例如楼梯间和门窗洞口等部位。剖面图的剖切符号应标注在底层平面图上,剖切后的方向宜向上、向左。

2. 基本内容

(1)剖面图的比例应与建筑平面图、立面图一致,宜采用 1∶50,1∶100,1∶200 的比例尺绘制。

(2)表明剖切到的室内外地面、楼面、屋顶、内外墙及门窗的窗台、过梁、圈梁、楼梯及平台、雨篷、阳台等。

(3)表明主要承重构件的相互关系,如各层楼面、屋面、梁、板、柱、墙的相互位置关系。

(4)标高及相关竖向尺寸,如室内外地坪、各层楼板、吊顶、楼梯平台、阳台、台阶、卫生间、地下室、门窗、雨篷等处的标高及相关尺寸。

(5)剖切到的外墙及内墙轴线标注。

(6)需另见详图部位的详图索引,如楼梯及外墙节点等。

3. 读图要点

(1)根据平面图中表明的剖切位置及剖视方向,校核剖面图所表明的轴线编号、剖切到的部位及可见到的部位与剖切位置,剖视方向是否一致。

(2)校对尺寸、标高是否与平面图一致。通过核对尺寸、标高及材料做法,加深对建筑物各处做法的整体了解。

五、建筑详图识读要点

1. 形成与作用

建筑详图是采用较大比例表示在平、立、剖面图中未交代清楚的建筑细部的施工图样,它的特点是比例大、尺寸齐全准确、材料做法说明详尽。在设计和施工过程中建筑详图是建筑平、立、剖面图等基本图纸的补充和深化,是建筑工程的细部施工,是建筑构配件制作及编制预算的依据。

对于套用标准图或通用详图的建筑构配件和节点,应注明所选用图集名称、编号或页码。

2. 建筑详图的图示内容和识图要点

建筑详图的内容、数量以及表示方法,都是根据施工的需要而定的。一般应表达出建筑局部、构配件或节点的详细构造,所用的各种材料及其规格,各部位、各细部的详细尺寸,包括需要标注的标高,有关施工要求和做法的说明等。当表示的内容较为复杂时,可在其上再索引出比例更大的详图。

在建筑详图中,墙身详图、楼梯详图、门窗详图是详图表示中最为基本的内容。

(1)墙身详图。墙身详图与平面图配合,是砌墙、室内外装修、门窗洞口、编制预算的重要依据。

1)根据墙身的轴线编号,查找剖切位置及投影方向,了解墙体的厚度、材料及与轴线的关系。

2)看各层梁、板等构件的位置及其与墙身的关系。

3)看室内楼地面、门窗洞口、屋顶等处的标高,识读标高时要注意建筑标高与结构标高的关系。

4)看墙身的防水、防潮做法。如檐口、墙身、勒脚、散水、地下室的防潮、防水做法。

5)看详图索引。一般图中的雨水管及雨水管进水口、踢脚、窗帘盒、窗台板、外窗台等处均引有详图。

(2)楼梯详图。

楼梯详图主要表示楼梯的类型、结构形式及梯段、栏杆扶手、防滑条等的详细构造方式、尺寸和材料。楼梯详图一般由楼梯平面图、剖面图和节点大样图组成。一般楼梯的建筑详图与结构详图是分别绘制的,但比较简单的楼梯有时也可将建筑详图与结构详图合并绘制,编入结构施工图中。楼梯详图是楼梯施工的主要依据。

1)楼梯平面图。可以认为是建筑平面图中局部楼梯间的放大,它用轴线编号表明楼梯间的位置,注明楼梯间的长宽尺寸、楼梯级数、踏步宽度、休息平台的尺寸和标高等。

2)楼梯剖面图。主要表明各楼层及休息平台的标高,楼梯踏步数,构件搭接方法,楼梯栏杆的形式及高度,楼梯间门窗洞口的标高及尺寸等。

3)节点大样图。即楼梯构配件大样图,主要表明栏杆的截面形状、材料、高度、尺寸,以及与踏步、墙面的连接做法,踏步及休息平台的详细尺寸、材料、做法等。节点大样图多采用标准图,对于一些特殊造型和做法的,还须单独绘制详图。

楼梯详图的读图要点如下。

①根据轴线编号查清楼梯详图与建筑平面、立面、剖面图的关系。

②楼梯间门窗洞口及圈梁的位置和标高,要与建筑平面、立面、剖面图及结构图纸对照识读。

③当楼梯间地面低于首层地面标高时,应注意楼梯间墙的防潮做法。

④当楼梯详图由建筑和结构两专业分别绘制时，应互相对照，特别注意校核楼梯梁、板的尺寸和标高。

(3)门窗详图。

门窗详图一般由立面图、节点大样图组成。立面图用于表明门窗的形式，开启方式和方向，主要尺寸及节点索引号等；节点大样是用来表示截面形式、用料尺寸、安装位置、门窗扇与门窗框的连接关系等。

当前，国家或地区的标准图集对各种门窗，如塑钢门窗、铝合金门窗等，就其形式和尺寸表示得较为详尽，门窗的生产、加工也趋于规模化、统一化，门窗的加工已从施工过程中分离出来。因此施工图中关于门、窗详图内容的表达上，一般只需注明标准图集的代号即可，以便于预算、订货。

六、结构施工图识读要点

结构施工图，是结构设计时根据建筑的要求，选择结构类型，进行合理的构件布置，再通过结构计算，确定构件的断面形状、大小、材料及构造，反映这些设计成果的图样。

结构施工图由结构设计说明、结构平面图、结构详图和其他详图组成。

结构施工图是施工放线、挖基槽、支模板、绑扎钢筋、设置预埋件、浇筑混凝土、安装预制构件、编制预算和施工组织计划的依据。

房屋由于结构形式的不同，结构施工图所反映的内容也有所不同。如混合结构房屋的结构图主要反映墙体、梁或圈梁、门窗过梁、混凝土柱、抗震构造柱、楼板、楼梯以及它们的基础等内容；而钢筋混凝土框架结构房屋的结构图，主要是反映梁、板、柱、楼梯、围护结构以及它们相应的基础等；另外排架结构房屋的结构图主要反映柱子、墙梁、连系梁、吊车梁、屋架、大型屋面板、波形水泥大瓦等结构内容。因此阅读结构施工图时，应根据不同的结构特点进行阅读。

七、基础图识读要点

基础图是建筑物室内地面以下部分承重结构的施工图，它包括基础平面图和基础详图。基础图是施工放线、开挖基槽、砌筑基础、计算基础工程量的依据。

(1)查明基础类型及其平面布置,与建筑施工图的首层平面图是否一致。

(2)阅读基础平面图,了解基础边线的宽度。

(3)将基础平面图与基础详图结合阅读,查清轴线位置。

(4)结合基础平面图的剖切位置及编号,了解不同部位的基础断面形状(如条形基础的放脚收退尺寸)、材料、防潮层位置、各部位的尺寸及主要部位标高。

(5)对于独立基础等钢筋混凝土基础,应注意将基础平面图和基础详图结合阅读,弄清配筋情况。

(6)通过基础平面图,查清构造柱的位置及数量。其配筋及构造做法,在基础说明中有详细的阐述,应仔细阅读。

(7)查明留洞位置。

八、单层工业厂房识图要点

1. 单层工业厂房平面图与基础图

(1)厂房平面图与基础图的作用。

主要是供测量放线,浇筑杯形柱基础垫层,厂房四周围护墙放线,安装厂房钢窗、铁门与生产设备,以及编制预算、备料、加工订货等用。

(2)厂房平面图与基础图的基本内容。

1)表明厂房的平面形状、布置与朝向。它包括厂房平面外形、内部布置、厂门位置、厂外散水宽度与厂内地面做法等。

2)表明厂房各部平面尺寸。即用轴线和尺寸线标注各处的准确尺寸。横向和纵向外廓尺寸为三道,即总外廓尺寸、柱间距与跨度尺寸,门窗洞口尺寸。内部尺寸则主要标注墙厚、柱子断面和内墙门窗洞口和预留洞口位置、大小、标高等。标注时应注意与轴线的关系。

3)表明厂房的结构形式和主要建筑材料。通过图例加以说明。

4)表明厂房地面的相对标高与绝对高程。如厂房外散水与道路的设计标高,基础底面与顶面的设计标高。

5)反映水、电等对土建的要求。如配电盘、消火栓等。

2. 单层工业厂房立面图与剖面图

(1)厂房立面图与剖面图的作用。

立面图主要表明厂房的外观、装饰做法。剖面图主要表明厂房结构型式、标高尺寸等。

(2)厂房立面图与剖面图的基本内容。

1)厂房立面图一般比较简单,主要表明厂房的外形,散水、勒脚、门窗、圈梁、檐口、天窗、爬梯等。

2)立面图表明各处的外装饰做法及所用材料。

3)厂房剖面图表明围护结构、圈梁与柱的关系,梁板结构、位置,屋架、屋面板与天窗架等。

4)厂房内吊车及吊车梁等。

5)厂房内地面标高及厂房外地面标高。由于厂房多不分层,各结构部位均标注标高和相对高差。

(3)读图要点与注意事项。

1)根据平面图中表明的剖切位置及剖视方向,校核剖面图表明的轴线编号、剖切到的部位及可见到的部位与剖切位置、剖切方向是否一致。

2)校对跨度、尺寸、标高与平面图、立面图是否一致,通过核对尺寸、标高及材料做法,加深对厂房结构各处做法的全面了解。

3)厂房内地面标高与厂房外地面标高与基础标高应相对应。

第二章 测量基础知识

第一节 测量坐标系

一、大地坐标系

在图 2-1 中,NS 为椭球的旋转轴,N 表示北极,S 表示南极。通过椭球旋转轴的平面称为子午面,而其中通过原格林尼治天文台的子午面称为起始子午面。子午面与椭球面的交线称为子午圈,也称子午线。通过椭球中心且与椭球旋转轴正交的平面称为赤道面,它与椭球面相截所得的曲线称为赤道。其他平面与椭球旋转轴正交,但不通过球心,这些平面与椭球面相截所得的曲线,称为平行圈或纬圈。起始子午面和赤道面,是在椭球面上某一确定点投影位置的两个基本平面。在测量工作中,点在椭球面上的位置用大地经度 L 和大地纬度 B 表示。

所谓某点的大地经度,就是该点的子午面与起始子午面所夹的二面角;大地纬度就是通过该点的法线(与椭球面相垂直的线)与赤道面的交角。大地经度 L 和大地纬度 B,统称为大地坐标。大地经度与大地纬度以法线为依据,也就是说,大地坐标以参考椭球面作为基准面。

由于 P 点的位置通常是在该点上安置仪器,并用天文测量的方法来测定的。这时,仪器的竖轴必然与铅垂线相重合,即仪器的竖轴与该处的大地水准面相垂直。因此,用天文观测所得的数据以铅垂线为准,也就是说以大地水准面为依据。这种由天文测量求得的某点位置,可用天文经度 λ 和天文纬度 φ 表示。

不论是大地经度 L 还是天文经度 λ,都要从起始子午面算起。在格林尼治以东的点,从起始子午面向东计,由 0° 到 180° 称为东经;同样,在格林尼治以西的点,则从起始子午面向西计,由 0° 到 180° 称为西经,实际上东经 180° 与西经 180°

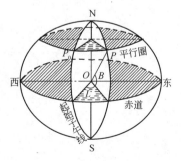

图 2-1 大地坐标系

是同一个子午面。我国各地的经度都是东经。不论大地纬度 B 还是天文纬度 φ，都从赤道面起算，在赤道以北的点的纬度由赤道面向北计，由 $0°$ 到 $90°$，称为北纬；在赤道以南的点，其纬度由赤道面向南计，也是由 $0°$ 到 $90°$，称为南纬。我国疆域全部在赤道以北，各地的纬度都是北纬。

在测量工作中，某点的投影位置一般用大地坐标 L 及 B 来表示。但实际进行观测时，如量距或测角都是以铅垂线为准的，因而所测得的数据若要求精确地换算成大地坐标，则必须经过改化。在普通测量工作中，由于要求的精确程度不是很高，所以可以不考虑这种改化。

二、平面直角坐标系

在小区域内进行测量工作，若采用大地坐标来表示地面点位置是不方便的，通常是采用平面直角坐标。某点用大地坐标表示的位置，是该点在球面上的投影位置。研究大范围地面形状和大小时，必须把投影面作为球面，由于在球面上求解点与点间的相对位置关系是比较复杂的问题，测量上，计算和绘图最好在平面上进行。所以，在研究小范围地面形状和大小时，常把球面的投影面当作平面看待。也就是说测量区域较小时，可以用水平面代替球面作为投影面。这样，就可以采用平面直角坐标来表示地面点在投影面上的位置。测量工作中所用的平面直角坐标系，与数学中的直角坐标系基本相同，只是坐标轴互换，象限顺序相反。测量工作以 x 轴为纵轴，一般用它表示南北方向；以 y 轴为横轴，表示东西方向，如图 2-2 所示，这是由于在测量工作中，坐标系中的角通常是指以北方为准，按顺时针方向到某条边的夹角，而三角学中三角函数的角则是从横轴按逆时针计的缘故。把 x 轴与 y 轴纵横互换后，全部三角公式都同样能在测量计算中应用。测量上用的平面直角坐标的原点，有时是假设的。一般可以把坐标原点 O 假设在测区西南以外，使测区内各点坐标均为正值，以便于计算应用。

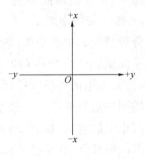

图 2-2 平面直角坐标系

三、高斯平面坐标系

当测区范围较小,把地球表面的一部分当作平面看待,所测得地面点的位置或一系列点所构成的图形,可直接用相似而缩小的方法描绘到平面上去。但如果测区范围较大,由于存在较大的差异,就不能用水平面代替球面。而作为大地坐标投影面的旋转椭球面,又是一个"不可展"的曲面,不能简单地展成平面。这样,就不能把地球很大一块地表面当作平面看待,必须将旋转椭球面上的点位换算到平面上,测量上称为地图投影。投影方法有多种,投影中可能存在角度、距离和面积三种变形,因此必须采用适当的投影方法来解决这个问题。测量工作中,通常采用的是保证角度不变形的高斯投影方法。

为简单计,把地球作为一个圆球看待,设想把一个平面卷成一个横圆柱,把它套在圆球外面,使横圆柱的轴心通过圆球的中心,把圆球面上一根子午线与横圆柱相切,即这条子午线与横圆柱重合,通常称它为"中央子午线"或称"轴子午线"。因为这种投影方法把地球分成若干范围不大的带进行投影,带的宽度一般分为经差 6°、3° 和 1.5° 等几种,简称为 6° 带、3° 带和 1.5° 带。6° 带是这样划分的,它是从 0° 子午线算起,以经度每差 6° 为一带,此带中间的一条子午线,就是此带的中央子午线或称轴子午线。以东半球来说,第一个 6° 投影带的中央子午线是东经 3°,第二带的中央子午线是东经 9°,依此类推。对于 3° 投影带来说,它是从东经 1°30′ 开始每隔 3° 为一个投影带,其第一带的中央子午线是东经 3°,而第二带的中央子午线是东经 6°,依此类推。图 2-3 表示两种投影的分带情况。中央子午线投影到横圆柱上是一条直线,把这条直线作为平面坐标的纵坐标轴即 x 轴。所以中央子午线也称轴子午线。另外,扩大赤道面与横圆柱相交,这条交线必然与中央子午线相垂直。若将横圆柱沿母线切开并展平后,在圆柱面上(即投影面上)即形成两条互成正交的直线,如图 2-4 所示。这两条正交的直线相当于平面直角坐标系的纵横轴,故这种坐标既是平面直角坐标,又与大地坐标的经纬度发生联系,对大范围的测量工作也就适用了。这种方法由高斯拟定并经克吕格改进的,因而通常称它为高斯-克吕格坐标。

在高斯平面直角坐标系中,以每一带的中央子午线的投影为直角

坐标系的纵轴 x，向北为正，向南为负；以赤道的投影为直角坐标系的横轴 y，向东为正，向西为负；两轴交点 O 为坐标原点。由于我国领土位于北半球，因此，x 坐标值均为正值，y 坐标可能有正有负，如图 2-5 所示，A、B 两点的横坐标值分别为

$$y_A = +148680.54\text{m}, \quad y_B = -134240.69\text{m}$$

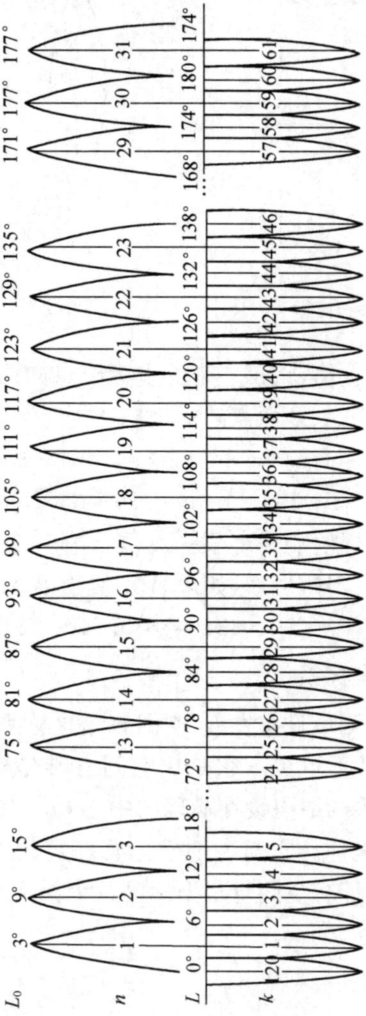

图 2-3　两种投影的分带情况图

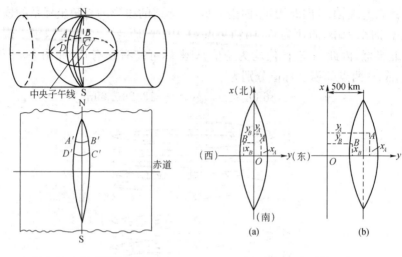

图 2-4 高斯-克吕格坐标　　　　图 2-5 坐标值的确定

为了避免出现负值,将每一带的坐标原点向西平移 500km,即将横坐标值加 500km,则 A、B 两点的横坐标值为

$$y_A = 500000 + 148680.54 = 648680.54\text{m}$$
$$y_B = 500000 - 134240.69 = 365759.31\text{m}$$

为了根据横坐标值能确定某一点位于哪一个 6°(或 3°)投影带内,再在横坐标前加注带号,例如,如果 A 点位于第 21°带,则其横坐标值为

$$y_A = 21648680.54\text{m}$$

四、空间直角坐标系

由于卫星大地测量日益发展,空间直角坐标系也被广泛采用,特别是在 GPS 测量中必不可少。它是用空间三维坐标来表示空间一点的位置的,这种坐标系的原点设在椭球的中心 O,三维坐标用 x、y、z 三者表示,故亦称地心坐标。它与大地坐标有一定的换算关系。随着 GPS 测量的普及使用,目前,空间直角坐标已逐渐被军事及国民经济各部门采用,作为实用坐标。

第二节 确定地面点

一、高程及高差

1. 高程概念

地面点到大地水准面的距离,称为绝对高程,又称海拔,简称高程。在图 2-6 中的 A、B 两点的绝对高程为 H_A、H_B。由于受海潮、风浪等的影响,海水面的高低时刻在变化着,我国在青岛设立验潮站,进行长期观测,取黄海平均海水面作为高程基准面,建立 1956 年黄海高程系。其中,青岛国家水准原点的高程为 72.289m。该高程系统自 1987 年废止,并且启用了 1985 年国家高程基准,其中原点高程为 72.260m。全国布置的国家高程控制点——水准点,都是以这个水准原点为起算的。在实际工作中使用测量资料时,一定要注意新旧高程系统的差别,注意新旧系统中资料的换算。

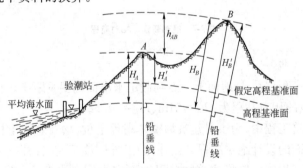

图 2-6 地面点的高程示意图

在局部地区或某项建设工程远离已知高程的国家水准点,可以假设任意一个高程基准面为高程的起算基准面:指定工地某个固定点并假设其高程,该工程中的高程均以这个固定点为准,即所测得的各点高程都是以同一任意水准面为准的假设高程(也称相对高程)。将来如有需要,只需与国家高程控制点联测,再经换算成绝对高程就可以了。地面上两点高程之差称为高差,一般用 h 表示。不论是绝对高程还是相对高程,其高差均相同。

测量工作的基本任务是确定地面点的空间位置,确定地面点空间位置需要三个量,即确定地面点在球面上或平面上的投影位置(即地面点的坐标)和地面点到大地水准面的铅垂距离(即地面点的高程)。

2. 绝对高程(H)

绝对高程(H)是地面上一点到大地水准面的铅垂距离。如图 2-7 所示,A 点、B 点的绝对高程分别为 $H_A=44m$、$H_B=78m$。

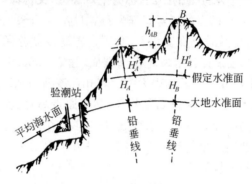

图 2-7 绝对高程与相对高程

3. 相对高程(H')

相对高程(H')是地面上一点到假定水准面的铅垂距离。见图 2-7,A 点、B 点的相对高程为 $H'_A=24m$、$H'_B=58m$。

在建筑工程中,为了对建筑物整体高程定位,均在总图上标明建筑物首层地面的设计绝对高程。此外,为了方便施工,在各种施工图中多采用相对高程。一般将建筑物首层地面定为假定水准面,其相对高程为±0.000。假定水准面以上高程为正值;假定水准面以下高程为负值。例如:某建筑首层地面相对高程 $H'_O=±0.000$(绝对高程 $H_O=44.800m$),室外散水相对高程为 $H'_散=-0.600m$,室外热力管沟底的相对高程 $H'_沟=-1.700m$,二层地面相对高程为 $H'_{二层}=+2.900m$。

(1)已知相对高程来计算绝对高程的方法,则

P 点绝对高程 $H_P=P$ 点相对高程 H'_P+(±0.000 的绝对高程)H_O

如上题中某建筑物的相对标高:室外散水 $H'_散=-0.600m$、室外热力管沟底 $H'_沟=-1.700m$ 与二层地面 $H'_{二层}=+2.900m$,其绝对高程

(H)分别为

$$H_{散} = H'_{散} + H_O = -0.600\text{m} + 44.800\text{m} = 44.200\text{m}$$

$$H_{沟} = H'_{沟} + H_O = -1.700\text{m} + 44.800\text{m} = 43.100\text{m}$$

$$H_{二层} = H'_{二层} + H_O = +2.900\text{m} + 44.800\text{m} = 47.700\text{m}$$

(2)已知绝对高程来计算相对高程的方法,则

P 点相对高程 $H'_P = P$ 点绝对高程 $H_P - (\pm 0.000)$ 的绝对高程 H_O

如计算上述某建筑外 25.000m 处路面绝对高程 $H_{路} = 43.700\text{m}$,其相对高程为

$$H'_{路} = H_{路} - H_O = 43.700\text{m} - 44.800\text{m} = -1.100\text{m}$$

4. 高差(h)

两点间的调和差。若地面上 A 点与 B 点的高程 $H_A = 44\text{m}$($H'_A = 24\text{m}$)与 $H_B = 78\text{m}$($H'_B = 58\text{m}$)均已知,则 B 点对 A 点的高差

$$h_{AB} = H_B - H_A = 78\text{m} - 44\text{m} = 34\text{m}$$
$$= H'_B - H'_A = 58\text{m} - 24\text{m} = 34\text{m}$$

h_{AB} 的符号为正时,表示 B 点高于 A 点;符号为负时,表示 B 点低于 A 点。

二、坡度

一条直线或一个平面的倾斜程度,一般用 i 表示。水平线或水平面的坡度等于零($i=0$),向上倾斜叫升坡(+)、向下倾斜叫降坡(-)。在建筑工程中如屋面、厕浴间、阳台地面、室外散水等均需要有一定的坡度以便排水。在市政工程中如各种地下管线,尤其是一些无压管线(如雨水和污水管道)均要有一定坡度,各种道路在中线方向要有纵向坡度,在垂直中线方向上还要有横向坡度,各种广场与农田均要有不同方向的坡度,以便排水与灌溉。

见图 2-8,A、B 两点间的高差 h_{AB} 比 A、B 两点间的水平距离 D_{AB} 即为坡度,亦即 AB 斜线倾斜角(θ)的正切($\tan\theta$),一般用百分比(%)或千分比(‰)表示:

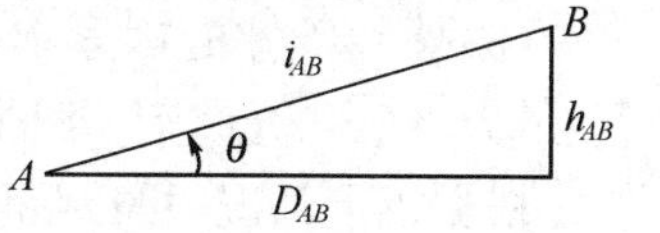

图 2-8 高差与坡度

$$i_{AB} = \tan\theta = \frac{H_B - H_A}{D_{AB}} = \frac{h_{AB}}{D_{AB}}$$

第三节 测量误差

一、误差及产生原因

1. 测量误差基本概念

测量工作是由人在一定的环境和条件下,使用测量仪器设备以及测量工具,按一定的测量方法进行的,其测量的成果自然要受到人、仪器设备、作业环境以及测量方法的影响。在测量过程中,不论人的操作多么仔细、仪器设备多么精密、测量方法多么周密,总会受到其自身的具体条件限制,同时其作业环境也会发生一些无法避免的变化。所以,测量成果总会存在差异,也就是说,测量成果中总会存在着测量误差。比如,对某一段距离往返测量若干次,或对某一角度正倒镜反复进行观测,每次测量的结果往往不一致,这都说明测量误差的存在。但应注意,测量误差与发生粗差(错误)是性质不同的,粗差的出现是由于操作错误或粗心大意造成的,它的大小往往超出正常的测量误差的范围,它又是可以避免的。测量理论上研究的测量误差不包括粗差。

2. 测量误差产生的原因

测量误差产生的原因一般有以下几个方面。

(1)人的因素。由于人的感觉器官的鉴别能力是有限的,受此限制,人在安置仪器、照准目标及读数等几方面产生测量误差。

(2)仪器设备及工具的因素。由于仪器制造和校正不可能十分完善,允许有一定的误差范围,使用仪器设备及工具进行测量,会产生正常的测量误差。

(3)外界条件的因素。在测量过程中,由于外界条件(如温度、湿度、风力、气压、光线等)不断发生变化,也会对测量值带来测量误差。

根据以上情况,可以说明测量误差的产生是不可避免的,任何一个观测值都会包含有测量误差。因此测量工作不仅要得到观测成果,而且还要研究测量成果所具有的精度,测量成果的精度是由测量误差的大小来衡量的。测量误差越大,反映出测量精度越低;反之,误差越小,精度越高。所以,在测量工作中,必须对测量误差进行研究,对不同的误差采取不同的措施,最终达到消除或减少误差对测量成果的影响,提高和保证测量成果的精度。

二、测量误差的分类

测量误差按其性质可分为系统误差和偶然误差两类。

1. 系统误差

在相同的观测条件下,对某量进行一系列的观测,如果测量误差的数值大小和符号保持相同,或按一定规律变化,这种误差称为系统误差。产生系统误差的主要原因是测量仪器和工具的构造不完善或校正不完全准确。例如,一条钢尺名义长度为 30m,与标准长度比较,其实际长度为 29.995m。用此钢尺进行量距时,每量一整尺,就会比实际长度长出 0.005m,这个误差的大小和符号是固定的,就是属于系统误差。

系统误差具有积累性,对测量的成果精度影响很大,但由于它的数值的大小和符号有一定的规律,所以,它可以通过计算改正或用一定的观测程序和观测方法进行消除。例如,在用钢尺量距时,可以先通过计算改正进行钢尺检定,求出钢尺的尺长改正数,然后再在计算时对所量的距离进行尺长改正,消除尺长误差的影响。

2. 偶然误差

在相同的观测条件下,对某量进行一系列的观测,如果观测误差的数值的大小和符号都不一定相同,从表面上看没有什么规律性,但就大量误差的总体而言,又具有一定的统计规律性。这种误差称为偶然误差。例如,使用测距仪测量一条边时,其每一次测量结果往往会因为温度气压变化以及仪器本身测距精度影响而出现差异,这个差值大小和符号不同,但大量统计差值又会发现此差值不会超出一个较小的范围。而且相对于其平均值而言,其正负差值出现的次数接近相等,这个误差就是偶然误差。

偶然误差的产生,是由人、仪器和外界条件等多方面因素引起的,它随着各种偶然因素综合影响而不断变化。对于这些在不断变化的条件下所产生的大小不等、符号不同但又不可避免的小的误差,找不到一个能完全消除它的方法。因此可以说,在一切测量结果中都不可避免地包含有偶然误差。一般来说,测量过程中,偶然误差和系统误差同时发生,而系统误差在一般情况下可以也必须采取适当的方法加以消除或减弱,使其减弱到与偶然误差相比处于次要的地位。这样就可以认为,在观测成果中主要存在偶然误差。我们在测量学科中所讨论的测量误差一般就是指偶然误差。

偶然误差从表面上看没有什么规律,但就大量误差的总体来讲,则具有一定的统计规律,并且观测值数量越大,其规律性就越明显。人们通过反复实践,统计和研究了大量的各种观测的结果,总结出偶然误差具有以下的特性。

(1)在一定的观测条件下,偶然误差的绝对值不会超过一定的范围。

(2)绝对值小的误差比绝对值大的误差出现的机会多。

(3)绝对值相等的正误差和负误差出现的机会相等。

(4)偶然误差的算术平均值随着观测次数的无限增加而趋于零,即

$$\lim_{n\to\infty}\frac{[\Delta]}{n}=0 \qquad (2\text{-}1)$$

式中　n——为观测次数;

　　$[\Delta]$——Δ_1、Δ_2、$\cdots$、Δ_n 之和;

　　Δ_i——第 i 次观测的偶然误差。

根据偶然误差的特性可知,当对某量有足够多的观测次数时,其正的误差和负的误差可以互相抵消。因此,我们可以采用多次观测,最后计算取观测结果的算术平均值,作为最终观测结果。

三、衡量误差的标准

1. 标准差与中误差

设对某真值 l 进行了 n 次等精度独立观测,得观测值 l_1、l_2、$\cdots$、l_n,各观测量的真误差为 Δ_1、Δ_2、$\cdots$、Δ_n($\Delta_i=l_i-l$),可以求得该组观测值的标准差为

$$\sigma=\pm\lim_{n\to\infty}\sqrt{\frac{[\Delta\Delta]}{n}} \qquad (2\text{-}2)$$

在测量生产实践中,观测次数 n 总是有限的,这时,根据式(2-2)只能求出标准差的估计值 $\hat{\sigma}$,通常又称 $\hat{\sigma}$ 为中误差,用 m 表示,即有

$$\hat{\sigma} = m = \pm\sqrt{\frac{[\Delta\Delta]}{n}} \qquad (2\text{-}3)$$

【例 2-1】 某段距离使用钢瓦基线尺丈量的长度为 49.984m。因丈量的精度很高,可以视为真值。现使用 50m 钢尺丈量该距离 6 次,观测值列于表 2-1,试求该钢尺一次丈量 50m 的中误差。

因为是等精度独立观测,所以 6 次距离观测值的中误差均为 ±5.02mm。

表 2-1　　　　　　　　　　　观测值

观测次序	观测值/m	Δ/mm	$\Delta\Delta$/mm^2	计算
1	49.988	+4	16	
2	49.975	−9	81	$m = \pm\sqrt{\dfrac{[\Delta\Delta]}{n}}$
3	49.981	−3	9	
4	49.978	−6	36	$= \pm\sqrt{\dfrac{151}{6}}$
5	49.987	+3	9	
6	49.984	0	0	$= \pm 5.02\text{(mm)}$
Σ			151	

2. 相对误差

相对误差是专为距离测量定义的精度指标,因为单纯用距离丈量中误差还不能反映距离丈量的精度情况。例如,在【例 2-1】中,用 50m 钢尺丈量一段约 50m 的距离,其测量中误差为 ±5.02mm。如果使用另一种量距工具丈量 100m 的距离,其测量中误差仍然等于 ±5.02mm,显然不能认为这两段不同长度的距离丈量精度相等,这就需要引入相对误差。相对误差的定义为

$$K = \frac{|m_D|}{D} = \frac{1}{\dfrac{D}{|m_D|}} \qquad (2\text{-}4)$$

相对误差是一个无单位的数,在计算距离的相对误差时,应注意将分子和分母的长度单位统一。通常,习惯于将相对误差的分子化为 1,分母为一个较大的数来表示。分母越大,相对误差越小,距离测量的精度就越高。依据式(2-4),可以求得上述所述两段距离的相对误差分别为

$$K_1 = \frac{0.00502}{49.982} \approx \frac{1}{9956}$$

$$K_2 = \frac{0.00502}{100} \approx \frac{1}{19920}$$

结果表明,后者的精度比前者的高。距离测量中,常用同一段距离往返测量结果的相对误差来检核距离测量的内部符合精度,计算公式为

$$\frac{|D_{往} - D_{返}|}{D_{平均}} = \frac{|\Delta D|}{D_{平均}} = \frac{1}{\frac{D_{平均}}{|\Delta D|}} \quad (2\text{-}5)$$

3. 极限误差

$$P(|\Delta| < \xi\sigma) = \int_{-\xi\sigma}^{+\xi\sigma} \frac{1}{\sqrt{2\pi}\sigma} e^{-\frac{\Delta^2}{2\sigma^2}} d\Delta \quad (2\text{-}6)$$

令 $\Delta' = \dfrac{\Delta}{\sigma}$,则式(2-6)变成

$$P(|\Delta'| < \xi) = \int_{-\xi}^{+\xi} \frac{1}{\sqrt{2\pi}} e^{-\frac{\Delta'^2}{2}} d\Delta' \quad (2\text{-}7)$$

因此,则事件 $|\Delta| = \xi\sigma$ 发生的概率为 $1 - P(|\Delta| < \xi)$。

下面的 fx-5800P 程序 P6-3 能自动计算 $1 - P(|\Delta| < \xi)$ 的值。

程序名:P6-3

Fix 3 ↵   设置固定小数显示格式位数

Lbl 0:"LOWER="? A:"UPPER="? B ↵   输入标准正态分布函数积分的上、下限

$1 - \int (1 \div \sqrt{(2\pi)} \times e^{\wedge}(-X^2 \div 2), A, B) \to Q$ ↵   计算标准正态分布函数的数值积分

"1-P(%)=":100Q ▲   显示计算结果

Goto 0

运行程序 P6-3,输入 LOWER=-1,UPPER=1,计算结果为 $1 - P(|\Delta'| < 1) = 31.73\%$;按 EXE 键继续,输入 LOWER=-2,UPPER=2,

计算结果为 $1-P(|\Delta'|<2)=4.55\%$;按 EXE 键继续,输入 LOWER=-3,UPPER=3,计算结果为 $1-P(|\Delta'|<3)=0.27\%$。

上述计算结果表明,真误差的绝对值大于 1 倍 σ 的占 31.73%;真误差的绝对值大于 2 倍 σ 的占 4.55%,即 100 个真误差中,只有 4.55 个真误差的绝对值可能超过 2σ;而大于 3 倍 σ 的仅仅占 0.27%,也即 1000 个真误差中,只有 2.7 个真误差的绝对值可能超过 3σ。后两者都属于小概率事件,根据概率原理,小概率事件在小样本中是不会发生的,也即当观测次数有限时,绝对值大于 2σ 或 3σ 的真误差实际上是不可能出现的。因此测量规范常以 2σ 或 3σ 作为真误差的允许值,该允许值称为极限误差,简称为限差。

$$|\Delta_{容}|=2\sigma\approx 2m \quad 或 \quad |\Delta_{容}|=3\sigma\approx 3m$$

当某观测值的误差大于上述限差时,则认为它含有系统误差,应剔除它。

四、误差传播定律及应用

1. 误差传播定律

在实际测量工作中,某些我们需要的量并不是直接观测值,而是通过其他观测值间接求得的,这些量称为间接观测值。各变量的观测值中误差与其函数的中误差之间的关系式,称为误差传播定律。一般函数的误差传播定律为:一般函数中误差的平方,等于该函数对每个观测值取偏导数与其对应观测值中误差乘积的平方之和。利用它,就可以导出如表 2-2 所示的简单函数的误差传播定律。

表 2-2　　　　　简单函数的误差传播定律

函数名称	函　数　式	中误差传播公式
倍数函数	$Z=KX$	$m_Z=\pm Km$
和差函数	$Z=X_1\pm X_2\pm\cdots\pm X_n$	$m_Z=\pm\sqrt{m_1^2+m_2^2+\cdots+m_n^2}$
线性函数	$Z=K_1X_1\pm K_2X_2\pm\cdots\pm K_nX_n$	$m_Z=\pm\sqrt{K_1^2m_1^2+K_1^2m_2^2+\cdots+K_1^2m_n^2}$

注:m_Z 表示函数中误差,m_1、m_2、$\cdots$、m_n 分别表示各观测值的中误差。

2. 算术平均值及其中的误差

(1) 算术平均值。

设在相同的观测条件下,对任一未知量进行了 n 次观测,得观测值 L_1、L_2、$\cdots$、L_n,则该量的最可靠值就是算术平均值 x,即

$$x=\frac{[L]}{n} \qquad (2\text{-}8)$$

算术平均值就是最可靠值的原理。根据观测值真误差的计算式和偶然误差的特性,可以分析得出

$$X=\lim_{n\to\infty}\frac{[L]}{n} \quad 即 \quad \lim_{n\to\infty}x=X \qquad (2\text{-}9)$$

式中　X——该量的真值。

从上式可见,当观测次数 n 趋于无限多时,算术平均值就是该量的真值。但实际工作中,观测次数总是有限的,这样算术平均值不等于真值。但它与所有观测值比较,都更接近于真值。因此,可认为算术平均值是该量的最可靠值,故又称为最或然值。

(2)用观测值的改正数计算中误差。前面已经给出了用真误差求一次观测值中误差的公式,但测量的真误差只有在真值为已知时才能确定,而未知量的真值往往是不知道的,因此无法用其来衡量观测值的精度。因此,在实际工作中,是用算术平均值与观测值之差,即观测值的改正数或最或然误差来计算出中误差的。根据改正数和真误差的关系以及中误差的定义和偶然误差的特性。可以推导出利用观测值的改正数计算中误差的公式为

$$m=\pm\sqrt{\frac{[vv]}{n-1}} \qquad (2\text{-}10)$$

式中　m——观测值中误差;
　　　v——观测值的改正数;
　　　n——观测次数。

(3)算术平均值的中误差。根据上述用改正数计算中误差的公式和误差传播定律,可以推算出算术平均值的中误差计算公式为

$$M=\frac{m}{\sqrt{n}}=\sqrt{\frac{[vv]}{n(n-1)}} \qquad (2\text{-}11)$$

式中　M——算术平均值中误差;
　　　m——观测值中误差;

v——观测值的改正数;

n——观测次数。

算术平均值及其中误差,是根据观测值误差以及中误差的基本概念和误差传播定律推算而来的,它在测量实际工作中应用十分广泛,在实际工作中对同一观测对象进行多次观测以提高观测值精度,这是人们已经习惯地应用这一概念的体现。

3. 误差传播定律应用

误差传播定律在测绘领域应用十分广泛,利用它不仅可以求得观测值函数的中误差,而且还可以确定容许误差值以及分析观测可能达到的精度。测量规范中误差指标的确定,一般也是根据误差来源分析和使用误差传播定律推导而来的。

五、等精度直接观测值的最可靠值

设对某未知量进行了一组等精度观测,其真值为 X,观测值分别为 l_1、l_2、$\cdots$、l_n,相应的真误差为 Δ_1、Δ_2、$\cdots$、Δ_n,则

$$\begin{cases} \Delta_1 = l_1 - X \\ \Delta_2 = l_2 - X \\ \cdots\cdots\cdots\cdots \\ \Delta_n = l_n - X \end{cases}$$

将上式取和再除以观测闪数 n,得

$$\frac{[\Delta]}{n} = \frac{[l]}{n} - X = L - X$$

式中　L——算术平均值。

显然

$$L = \frac{[l]}{n} = \frac{[\Delta]}{n} + X$$

则有

$$\lim_{n \to \infty} L = \lim_{n \to \infty} \left(\frac{[\Delta]}{n} + X \right)$$

$$=\lim_{n\to\infty}\frac{[\Delta]}{n}+X$$

根据偶然误差的第四个特性,有

$$\lim_{n\to\infty}\frac{[\Delta]}{n}=0$$

则
$$\lim_{n\to\infty}L=X$$

从上式可以看出,当观测次数 n 趋于无穷大时,算术平均值就趋向于未知量的真值。当 n 为有限值时,通常取算术平均值为最可靠值,作为未知量的最后结果。

根据式计算中误差 m,需要知道观测值 l_i 的真误差 Δ_i,但是,真误差往往是不知道的。在实际应用中,多利用观测值的改正数 v_i 来计算中误差。由 v_i 及 Δ_i 的定义知

$$\begin{cases} v_1=L-l_1 \\ v_2=L-l_2 \\ \cdots\cdots\cdots \\ v_n=L-l_n \end{cases}$$

$$\begin{cases} \Delta_1=l_1-X \\ \Delta_2=l_2-X \\ \cdots\cdots\cdots \\ \Delta_n=l_n-X \end{cases}$$

上两组式对应相加

$$\begin{cases} \Delta_1+v_1=L-X \\ \Delta_2+v_2=L-X \\ \cdots\cdots\cdots \\ \Delta_n+v_n=L-X \end{cases}$$

设 $L-X=\delta$，代入上式，并移项后得

$$\begin{cases} \Delta_1 = -v_1 + \delta \\ \Delta_2 = -v_2 + \delta \\ \cdots\cdots\cdots\cdots \\ \Delta_n = -v_n + \delta \end{cases}$$

上组式中各式分别自乘，然后求和

$$[\Delta\Delta] = [vv] - 2[v]\delta + n\delta^2$$

显然

$$[v] = \sum_{i=1}^{n}(L - L_i) = nL - [l] = 0$$

故有

$$[\Delta\Delta] = [vv] + n\delta^2$$

即

$$\frac{[\Delta\Delta]}{n} = \frac{[vv]}{n} + \delta^2 \tag{2-12}$$

但是

$$\delta = L - X = \frac{[l]}{n} - X = \frac{[l-X]}{n} = \frac{[\Delta]}{n}$$

故

$$\delta^2 = \frac{[\Delta]^2}{n^2} = \frac{1}{n^2}(\Delta_1^2 + \Delta_2^2 + \cdots + \Delta_n^2 + 2\Delta_1\Delta_2 + 2\Delta_1\Delta_3 + \cdots)$$

$$= \frac{[\Delta\Delta]}{n^2} + \frac{2}{n^2}(\Delta_1\Delta_2 + \Delta_1\Delta_3 + \cdots)$$

由于 Δ_1、Δ_2、$\cdots$、Δ_n 是彼此独立的偶然误差，故 $\Delta_1\Delta_2$、$\Delta_1\Delta_3$、$\cdots$也具有偶然误差的性质。当 $n\to\infty$ 时，上式等号右边第二项应趋近于零；当 n 为较大的有限值时，其值远比第一项小，故可忽略不计。于是式(2-12)变为

$$\frac{[\Delta\Delta]}{n} = \frac{[vv]}{n} + \frac{[\Delta\Delta]}{n^2}$$

根据中误差的定义，上式可写为

$$m^2 = \frac{[vv]}{n} + \frac{m^2}{n}$$

即
$$m = \pm\sqrt{\frac{[vv]}{(n-1)}} \qquad (2\text{-}13)$$

式(2-13)即为利用观测值的改正数 v_i 计算中误差的公式,称为白塞尔公式。

【例 2-2】 设用经纬仪测量某个角度 6 测回,观测值列于表 2-3 中,试求观测值中的误差及算术平均值的中误差。

表 2-3 观测值表

观测次序	观测值	v	vv	计算
1	36°50′30″	−4″	16	$m = \pm\sqrt{\dfrac{[vv]}{n-1}}$ $= \pm\sqrt{\dfrac{34}{6-1}}$ $= \pm 2.6''$
2	26	0	0	
3	28	−2	4	
4	24	+2	4	
5	25	+1	1	
6	23	+3	9	
	$L = 36°50′26″$	$[v]=0$	$[vv]=34$	

算术平均值 L 的中误差根据公式(2-11),有

$$M = \frac{m}{\sqrt{n}} = \pm\sqrt{\frac{[vv]}{n(n-1)}} = \pm\sqrt{\frac{34}{6(6-1)}} = \pm 1.1''$$

注意,在以上计算中 $m = \pm 2.6''$ 为观测值的中误差,$M = \pm 1.1''$ 为算术平均值的中误差。最后结果及其精度可写为

$$L = 36°50′26″ \pm 1.1''$$

一般袖珍计算器都具有统计计算功能(STAT),能很方便地进行上述计算(计算方法可参考计算器的说明书)。

由于算术平均值的中误差 M 为观测值中误差 m 的 $\dfrac{1}{\sqrt{n}}$ 倍,因此增加观测次数可以提高算术平均值的精度。例如,设观测值的中误差 $m=1$ 时,算术平均值的中误差 M 与观测次数 n 的关系见图 2-9。由该图可以看出,当 n 增加时,M 减小。但当观测次数达到一定数值后(例如 $n=10$),再增加观测次数,工作量增加,但提高精度的效果就不太明显了。故不能单纯以增加观测次数来提高测量成果的精度,还应设法提高观测值本身的精度。例如,采用精度较高的仪器;提高观测技能;在良好

的外界条件下进行观测等。

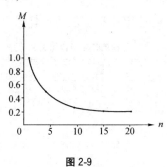

图 2-9

第四节 常用测量单位与换算

一、角度单位及换算

测量常用的角度的法定计量单位的换算关系,见表 2-4。

表 2-4 角度单位制及换算关系

六十进制	弧 度 制
1 圆周=360° 1°=60′ 1′=60″	1 圆周=2πrad 1rad=180°/π=57.29577951° $\quad$ =3438′ $\quad$ =206265″=ρ

二、长度单位及换算

测量常用的长度的法定计量单位的换算关系,见表 2-5。

表 2-5 长度单位制及换算关系

公 制	英 制
1km=1000m 1m=10dm $\quad$ =100cm $\quad$ =1000mm	1 英里(mile,简写 mi) 1 英尺(foot,简写 ft) 1 英寸(inch,简写 in) 1km=0.6214mi $\quad$ =3280.8ft 1m=3.2808ft $\quad$ =39.37in

三、面积单位及换算

测量常用的面积的法定计量单位的换算关系,见表 2-6。

表 2-6　　　　　　　　面积单位制及换算关系

公　制	市　制	英　制
$1km^2 = 1 \times 10^6 m^2$ $1m^2 = 100dm^2$ $= 1 \times 10^4 cm^2$ $= 1 \times 10^6 mm^2$	$1km^2 = 1500$ 亩 $1m^2 = 0.0015$ 亩 1 亩 $= 666.6666667m^2$ $= 0.06666667$ 公顷 $= 0.1647$ 英亩	$1km^2 = 247.11$ 英亩 $= 100$ 公顷 $10000m^2 = 1$ 公顷 $1m^2 = 10.764ft^2$ $1cm^2 = 0.1550in^2$

第三章 测量放线工岗位工作及管理

第一节 施工测量工作主要内容

一、施工测量工作要求

1. 施工测量基本内容

施工测量的目的是把设计的建筑物、构造物的平面位置和高程,按设计要求,以一定的精度测设在地面上,作为施工的依据,并在施工过程中进行一系列的测量工作,以衔接和指导各工序间的施工。

建筑工程的施工测量主要包括工程定位测量、基槽放线、楼层平面放线、楼层标高抄测、建筑物垂直度及标高测量、变形观测等。

施工测量贯穿于整个施工过程中。从场地平整、建筑物定位、基础施工,到建筑物构件的安装等,都需要进行施工测量,才能使建筑物、构筑物各部分的尺寸、位置符合设计要求。有些工程竣工后,为了便于维修和扩建,还必须测出竣工图。有些高大或特殊的建筑物建成后,还要定期进行变形观测,以便积累资料,掌握变形的规律,为今后建筑物的设计、维护和使用提供资料。

2. 施工测量工作特点

测绘地形图是将地面上的地物、地貌测绘在图纸上,而施工测量则和它相反,是将设计图纸上的建筑物、构筑物按其设计位置测设到相应的地面上。

测设精度的要求取决于建筑物或构筑物的大小、材料、用途和施工方法等因素。一般高层建筑物的测设精度应高于低层建筑物,钢结构厂房的测设精度应高于钢筋混凝土结构厂房,装配式建筑物的测设精度应高于非装配式建筑物。

施工测量工作与工程质量及施工进度有着密切的联系。测量人员必须了解设计的内容、性质及其对测量精度的要求,熟悉图纸上的尺寸和高程数据,了解施工的全过程,并掌握施工现场的变动情况,使施工测量工作能够与施工密切配合。

另外,施工现场工种多,交叉作业频繁,并有大量土、石方填挖,地面变动很大,又有动力机械的振动,因此各种测量标志必须埋设稳固且在不易被破坏的位置。还应做到妥善保护,经常检查,如有破坏应及时恢复。

3. 施工测量工作原则

施工现场上有各种建筑物、构筑物且分布较广,往往又不是同时开工兴建。为了保证各个建筑物、构筑物的平面和高程位置都符合设计要求,互相连成统一的整体,施工测量和测绘地形图一样,也要遵循"从整体到局部,先控制后碎部"的原则。即先在施工现场建立统一的平面控制网和高程控制网,然后以此为基础,测设出各个建筑物和构筑物的位置。

施工测量的检核工作也很重要,必须采用各种不同的方法,加强外业和内业的检核工作。

二、测量放线工岗位工作职责

1. 测量放线工作的基本准则

(1) 认真学习与执行国家法令、政策与规范,明确为工程服务、对按图施工与工程进度负责的工作目的。

(2) 遵守先整体后局部的工作程序。即先测设精度较高的场地整体控制网,再以控制网为依据,进行各局部建筑物的定位、放线。

(3) 严格审核测量起始依据的正确性,坚持测量作业与计算工作步步有校核的工作方法。测量起始依据应包括设计图纸、文件、测量起始点、数据等。

(4) 遵循测法要科学、简捷,精度要合理、相称的工作原则。方法选择要适当,使用要精心,在满足工程需要的前提下,力争做到省工、省时、省费用。

(5) 定位、放线工作必须执行经自检、互检合格后,由有关主管部门验线的工作制度。还应执行安全、保密等有关规定,用好、管好设计图纸与有关资料,实测时要当场做好原始记录,测后要及时保护好桩位。

(6) 紧密配合施工,发扬团结协作、不畏艰难、实事求是、认真负责的工作作风。

(7)虚心学习、及时总结经验,努力开创新局面的工作精神,以适应建筑业不断发展的需要。

2.测量验线工作的基本准则

(1)验线工作应主动预控。验线工作要从审核施工测量方案开始,在施工的各主要阶段前,均应对施工测量工作提出预防性的要求,以做到防患于未然。

(2)验线的依据应原始、正确、有效。主要是设计图纸、变更洽商与定位依据点位(如红线桩、水准点等)及其数据(如坐标、高程等)要原始、最后定案要有效并正确,因为这些资料是施工测量的基本依据。若其中有误,在测量放线中多难以发现,一旦使用后果不堪设想。

(3)仪器与钢尺必须按计量法有关规定进行检定和检校。

(4)验线的精度应符合规范要求。主要包括:

1)仪器的精度应适应验线要求,有检定合格证并校正完好。

2)必须按规程作业,观测误差必须小于限差,观测中的系统误差应采取措施进行改正。

3)验线成果应先行附合(或闭合)校核。

(5)验线工作必须独立,尽量与放线工作不相关。主要包括:

1)观测人员。

2)仪器。

3)测法及观测路线等。

(6)验线部位应为关键环节与最弱部位,主要包括:

1)定位依据桩及定位条件。

2)场区平面控制网、主轴线及其控制桩(引桩)。

3)场区高程控制网及±0.000高程线。

4)控制网及定位放线中的最弱部位。

(7)验线方法及误差处理:

1)场区平面控制网与建筑物定位,应在平差计算中评定其最弱部位的精度,并实地验测,精度不符合要求时应重测。

2)细部测量,可用不低于原测量放线的精度进行验测,验线成果与

原放线成果之间的误差应按以下原则处理:

①两者之差小于$\sqrt{2}$限差时,对放线工作评为优良。

②两者之差略小于或等于$\sqrt{2}$限差时,对放线工作评为合格(可不改正放线成果,或取两者的平均值)。

③两者之差超过$\sqrt{2}$限差时,原则上不予验收,尤其是要害部位。若次要部位,可令其局部返工。

3. 施工测量记录要求

(1)测量记录的基本要求。原始真实、数字正确、内容完整、字体工整。

(2)记录应填写在规定的表格中。开始应先将表头所列各项内容填好,并熟悉表中所载各项内容与相应的填写位置。

(3)记录应当场及时填写清楚。不允许先写在草稿纸上后转抄誊清,以防转抄错误,保持记录的"原始性"。采用电子记录手簿时,应打印出观测数据。记录数据必须符合法定计量单位。

(4)字体要工整、清楚。相应数字及小数点应左右成列、上下成行、一一对齐。记错或算错的数字,不准涂改或擦去重写,应将错数画一斜线,将正确数字写在错数的上方。

(5)记录中数字的位数应反映观测精度。如水准读数应读至 mm,若某读数为 1.33m 时,应记为 1.330m,不应记为 1.33m。

(6)记录过程中的简单计算,应现场及时进行。如取平均值等,并做校核。

(7)记录人员应及时校对观测所得到的数据。根据所测数据与现场实况,以目估法及时发现观测中的明显错误,如水准测量中读错整米数等。

(8)草图、点之记图应当场勾绘。方向、有关数据和地名等应一并标注清楚。

(9)注意保密。测量记录多有保密内容,应妥善保管,工作结束后,应上交有关部门保存。

4. 施工测量计算要求

(1)测量计算工作的基本要求。依据正确、方法科学、计算有序、步步校核、结果可靠。

(2)外业观测成果是计算工作的依据。计算工作开始前,应对外业记录、草图等认真仔细地逐项审阅与校核,以便熟悉情况并及早发现与处理记录中可能存在的遗漏、错误等问题。

(3)计算过程一般均应在规定的表格中进行。按外业记录在计算表中填写原始数据时,严防抄错,填好后应换人校对,以免发生转抄错误。这一点必须特别注意,因为抄错原始数据,在以后的计算校核中无法发现。

(4)计算中,必须做到步步有校核。各项计算前后联系时,前者经校核无误,后者方可开始。校核方法以独立、有效、科学、简捷为原则选定,常用的方法如下。

1)复算校核将计算重做一遍,条件许可时最好换人校核,以免因习惯性错误而"重蹈旧辙",使校核失去意义。

2)总和校核。例如,水准测量中,终点对起点的高差,应满足如下条件。

$$\sum h = \sum a - \sum b = H_{终} - H_{始} \tag{3-1}$$

3)几何条件校核。例如,闭合导线计算中,调整后的各内角之和,应满足如下条件。

$$\sum \beta_{理} = (n-2)180° \tag{3-2}$$

4)变换计算方法校核。例如,坐标反算中,有按公式计算和计算器程序计算两种方法。

5)概略估算校核。在计算之前,可按已知数据与计算公式,预估结果的符号与数值,此结果虽不可能与精确计算值完全一致,但一般不会有很大差异,这对防止出现计算错误至关重要。

6)计算校核一般只能发现计算过程中的问题,不能发现原始依据是否有误。

(5)计算中所用数字应与观测精度相适应。在不影响成果精度的情况下,要及时合理地删除多余数字,以提高计算速度。删除多余数字时,宜保留到有效数字后一位,以使最后成果中有效数字不受删除数字的影响。删除数字应遵守"四舍、六入、整五凑偶(即单进、双舍)"的原则。

第二节　测量仪器使用与保管要求

一、测量仪器的领用与检查

测量仪器应按规定的手续向有关部门借领使用。借领时应对仪器及其附件进行全面检查，发现问题应立即提出。检查的主要内容是：

(1) 仪器有无碰撞伤痕、损坏，附件是否齐全、适用。

(2) 各轴系转动是否灵活，有无杂音。各操作螺旋是否有效，校正螺丝有无松动或丢失。水准器气泡是否稳定、有无裂纹。自动安平仪器的灵敏件是否有效。

(3) 物镜、目镜有无擦痕，物像和十字线是否清晰。

(4) 经纬仪读数系统的光路是否清晰。度盘和分微尺刻划是否清楚、有无行差。

(5) 光电仪器要检查电源、电线是否配套、齐全。

二、测量仪器的正确使用要点

1. 仪器的出入箱及安置

仪器开箱时应平放，开箱后应记清主要部件（如望远镜、竖盘、制微动螺旋、基座等）和附件在箱内的位置，以便用完后按原样入箱。仪器自箱中取出前，应松开各制动螺旋，一手持基座、一手扶支架将仪器轻轻取出。仪器取出后应及时关闭箱盖，并不得坐人。

测站应尽量选在安全的地方。必须在光滑地面安置仪器时，应将三脚尖嵌入地面缝隙内或用绳将三脚架捆牢。安置脚架时，要选好三足方向，架高适当，架首概略水平，仪器放在架首上应立即旋紧连接螺旋。

观测结束后仪器入箱前，应先将定平螺旋和制微动螺旋退回至正常位置，并用软毛刷除去仪器表面灰尘，再按出箱时原样就位入箱。箱盖关闭前应将各制动螺旋轻轻旋紧，检查附件齐全后可轻关箱盖，箱口吻合方可上锁。

2. 仪器的一般操作

仪器安置后必须有人看护，不得离开，并要注意防止上方有物坠落。一切操作均应手轻、心细、稳重。定平螺旋应尽量保持等高。制动螺旋应松紧适当,不可过紧。微动螺旋在微动卡中间一段移动,以保持微动效用。操作中应避免用手触及物镜、目镜。烈日下或下零星小雨时应打伞遮挡。

3. 仪器的迁站、运输和存放

迁站前,应将望远镜直立(物镜朝下)、各部制动螺旋微微旋紧、光电仪器要断电并检查连接螺旋是否旋紧。迁站时,脚架合拢后,置仪器于胸前,一手携脚架于肋下,一手紧握基座,持仪器前进时,要稳步行走。仪器运输时不可倒放,更要注意防振、防潮,严禁在自行车货架上带仪器。

仪器应存放在通风、干燥、常温的室内。仪器柜不得靠近火炉或暖气。

三、测量仪器的检验与校正要点

水准仪和经纬仪应根据使用情况,每隔 2~3 个月对主要轴线关系进行检验和校正。仪器检验和校正应选在无风、无振动干扰环境中进行。各项检验、校正,须按规定的程序进行。每项校正,一般均需反复几次才能完成。拨动校正螺丝前,应先辨清其松紧方向。拨动时,用力要轻、稳,螺旋应松紧适度。每项校正完毕,校正螺旋应处于旋紧状态。

各类仪器如发生故障,切不可乱拆乱卸,应送专业修理部门修理。

四、光电仪器的使用要点

使用电磁波测距仪或激光准直仪时,一定要注意电源的类型(交流或直流)和电压与光电设备的额定电源是否一致。有极性要求的插头和插座一定要正确接线,不得颠倒。使用干电池的电器设备,正负极不能装反,新旧电池不要混合使用,设备长期不用,要把电池取出。

使用仪器前,先要熟悉仪器的性能及操作方法,并对仪器各主要部件进行必要的检验和校正。使用激光仪器时,要有 30~60min 的预热时间。激光对人眼有害,故不可直视光源。

使用电磁波距测仪时,先要检查棱镜与仪器主机是否配套,并严禁将镜头对准太阳或其他强光源;观测时,视场内只能有一个反光棱镜,避免测线两侧及反光棱镜后方有其他光源和反射体,更要尽量避免逆光观测。在阳光下或小雨天气作业时均要打伞遮挡,以防阳光射入接收物镜而烧坏光敏二极管,或防止雨水淋湿仪器造成短路。迁站或运输时,要切断电源并防止振动。

五、钢尺、水准尺与标杆的使用

1. 钢尺

钢尺性脆易折,使用时要严禁人踩、车碾,遇有扭结打环,应解开后再拉尺,收尺时不得逆转。钢尺受潮易锈,遇水后要用布擦净;较长时间存放时,要涂机油或凡士林油。在施工现场使用时,要特别注意防止触电伤尺、伤人。钢尺尺面刻划和注记易受磨损和锈蚀,量距时要尽量避免拖地而行。

2. 水准尺与标杆

水准尺与标杆在施测时均应由测工认真扶好,使其竖直,切不可将尺自立或靠立。塔尺抽出时,要检查接口是否准确。水准尺与标杆一般均为木制或铝制,使用及存放时均应注意防水、防潮和防变形,尺面刻划与漆皮应精心保护,以保持其鲜明、清晰。铝制尺、杆要严禁触及电力线。

第三节 测量放线作业安全知识

一、现场施工安全管理基本知识

安全生产与质量第一对建筑施工企业同等重要。建筑施工企业必须设有专门的安全生产职能部门,采用有力措施,强化职工的安全意识。建筑施工安全管理的主要任务有以下几个方面:

1. 强化安全法规常识

(1)工人上岗前必须签订劳动合同。《中华人民共和国劳动法》规定:"建立劳动关系应当订立劳动合同。劳动合同是劳动者与用人单位确立劳动关系、明确双方权利和义务的协议。"

(2)工人上岗前的"三级"安全教育。新进场的劳动者必须经过上岗前的"三级"安全教育,即公司教育、项目教育和班组教育。

(3)重新上岗、转岗应再次接受安全教育。转换工作岗位和离岗后重新上岗人员,必须得新经过三级安全教育后才允许上岗工作。

(4)必须佩戴上岗证。进入施工现场的人员,胸前都必须佩戴安全上岗证,证明已经受过安全生产教育,考试合格。

(5)特种作业人员必须经过专门安全培训并取得特种作业资格。特种作业是指对操作者本人和其他工种作业人员以及对周围设施的安全有重大危害因素的作业。

《劳动法》规定:"从事特种作业的劳动者,必须经过专门培训,并取得特种作业资格。"

(6)发生事故要立即报告。发生事故要立即向上级报告,不得隐瞒不报。

2. 加强劳动保护,确保施工安全

(1)进入施工现场必须正确戴好安全帽。

(2)凡直接从事带电作业的劳动者,必须穿绝缘鞋,戴绝缘手套,防止发生触电事故。从事电、气焊作业的电、气焊工人,必须戴电、气焊手套,穿绝缘鞋和使用护目镜及防护面罩。

3. 加强临时用电安全管理

(1)电气设备和线路必须绝缘良好。施工现场所有电气设备和线路的绝缘必须良好,接头不准裸露。当发现有接头裸露或破皮漏电时,应及时报告,不得擅自处理以免发生触电事故。

(2)用电设备要一机一闸,一漏一箱。施工现场的每台用电设备都应该有自己专用的开关箱,箱内刀闸(开关)及漏电保护器只能控制一台设备,不能同时控制两台或两台以上的设备,否则容易发生误操作事故。

(3)电动机械设备的检查。现场的电动机械设备包括:电锯、电刨、电钻、卷扬机、搅拌机、钢筋切断机、钢筋拉伸机等。为了确保运行的安全,作业前必须按规定进行检查,试运转;作业完,拉闸断电,锁好电闸箱,防止发生意外事故。

(4)施工现场安全电压照明。施工现场室内的照明线路与灯具的安装高度低于 2.4m 时,应采用 36V 安全电压。

施工现场使用的手持照明灯(行灯)的电压应采用36V安全电压。在36V电线上也严禁乱搭乱挂。

4. 加强高处作业安全管理

(1)遇到大雾、大雨和6级以上大风时,禁止高处作业。高处作业时,脚手板的宽度不得小于20cm。

(2)高处作业人员要经医生检查合格后才准上岗,作业人员在进行上下立体交叉作业时,不得在上下同一垂直面上作业。下层作业位置必须处于上层作业物体可能坠落范围之外,当不能满足时,上下层之间应设隔离防护层,下方操作人员必须戴安全帽。

5. 加强垂直运输设备的安全管理

(1)使用龙门架,井字架时运散料应装箱或装笼。运长料时,不得超出吊篮;在吊篮内立放时,应捆绑牢固,防止坠落伤人。

(2)外用电梯禁止超载运行。外用电梯为人、货两用电梯。限定载人数量及载物重量的标牌应悬挂在明显处,以便提醒乘梯人员及运送物料不得超限。同时,司机也要注意观察上人和上料情况,防止超载运行。

6. 抓好现场文明施工管理

施工现场应当实现科学管理,文明施工,安全生产,确保施工人员安全和健康。

(1)施工现场必须严格执行安全交底制度。每道施工工序作业前,都要进行安全技术交底。

(2)材料要分规格、种类堆放,不得侵占现场道路。

(3)施工现场危险位置应悬挂相应的"安全标志"。

(4)作业现场要做到活完场清、工完料净。

(5)注意环境整洁。

二、现场施工安全操作基本规定

1. 杜绝"三违"现象

员工遵章守纪,是实现安全生产的基础。员工在生产过程中,不仅要有熟练的技术,而且必须自觉遵守各项操作规程和劳动纪律,远离

"三违",即违章指挥、违章操作、违反劳动纪律。

(1)违章指挥:企业负责人和有关管理人员法制观念淡薄,缺乏安全知识,思想上存有幸心理,对国家、集体的财产和人民群众的生命安全不负责任。明知不符合安全生产有关条件,仍指挥作业人员冒险作业。

(2)违章作业:作业人员没有安全生产常识,不懂安全生产规章制度和操作规程,或者在知道基本安全知识的情况下。在作业过程中,违反安全生产规章制度和操作规程,不顾国家、集体的财产和他人、自己的生命安全,擅自作业,冒险蛮干。

(3)违反劳动纪律:上班时不知道劳动纪律,或者不遵守劳动纪律,违反劳动纪律进行冒险作业,造成不安全因素。

2. 牢记"三宝"和"四口、五临边"

(1)"三宝"指安全帽、安全带、安全网。安全帽、安全带、安全网是工人的三件宝,只有正确佩戴和使用,才可以保证个人安全。

(2)"四口"指楼梯口、电梯井口、预留洞口、通道口。"五临边"是指"尚未安装栏杆的阳台周边,无外架防护的层面周边,框架工程楼层周边,上下跑道及斜道的两侧边,卸料平台的侧边"。

"四口、五临边"是施工现场最危险和最容易发生事故的地方,因此对施工现场重要危险部位进行正确的防护,可以有效地减少事故发生,为工人作业提供一个安全的环境。

3. 做到"三不伤害"

是指"不伤害自己,不伤害他人,不被他人伤害"。

施工现场每一个操作人员和管理人员都要增强自我保护意识,同时也要对安全生产自觉负起监督的责任,才能达到开展全员安全的目的。

施工时经常有上下层或者不同工种不同队伍互相交叉作业的情况,大家要避免这时候发生危险。相互间协调好,上层作业时,要对作业区域围蔽,有人值守,防止人员进入作业区下方。此外落物伤人,也是工地经常发生的事故之一,大家时刻记住,进入施工现场,一定要戴好安全帽。作业过程中,观察周围,不伤害他人,也不被他人伤害,这是工地安全的基本原则。自己不违章,只能保证不伤害自己,不伤害别人。要做到不被别人伤害,这就要求我们要及时制止他人违章,制止他人违章既保护了自己,也保护了他人。

4. 加强"三懂三会"能力

即懂得本岗位和部门有什么火灾危险性,懂得灭火知识,懂得预防措施;会报火警,会使用灭火器材,会处理初起火灾。

5. 掌握十项安全技术措施

(1)按规定使用安全"三宝"。

(2)机械设备防护装置一定要齐全有效。

(3)塔吊等起重设备必须有限位保险装置,不准"带病"运转,不准超负荷作业,不准在运转中维修保养。

(4)架设电线线路必须符合当地电业局的规定,电气设备必须全部接零接地。

(5)电动机械和手持电动工具要设置漏电保护器。

(6)脚手架材料及脚手架的搭设必须符合规程要求。

(7)各种缆风绳及其设置必须符合规程要求。

(8)在建工程的楼梯口、电梯口、预留洞口、通道口,必须有防护设施。

(9)严禁赤脚或穿高跟鞋、拖鞋进入施工现场,高空作业不准穿硬底和带钉易滑的鞋靴。

(10)施工现场的悬崖、陡坎等危险地区应设警戒标志,夜间要设红灯示警。

6. 施工现场行走或上下的"十不准"

(1)不准从正在起吊、运吊中的物件下通过。

(2)不准从高处往下跳或奔跑作业。

(3)不准在没有防护的外墙和外壁板等建筑物上行走。

(4)不准站在小推车等不稳定的物体上操作。

(5)不得攀登起重臂、绳索、脚手架、井字架、龙门架和随同运料的吊盘及吊装物上下。

(6)不准进入挂有"禁止出入"或设有危险警示标志的区域、场所。

(7)不准在重要的运输通道或上下行走通道上逗留。

(8)未经允许不准私自进入非本单位作业区域或管理区域,尤其是存有易燃易爆物品的场所。

(9)严禁在无照明设施,无足够采光条件的区域、场所内行走、逗留。

(10)不准无关人员进入施工现场。

7.做到"十不盲目操作"

做到"十不盲目操作",是防止违章和事故的基本操作要求。

(1)新工人未经三级安全教育,复工换岗人员未经安全岗位教育,不盲目操作。

(2)特殊工种人员、机械操作工未经专门安全培训,无有效安全上岗操作证,不盲目操作。

(3)施工环境和作业对象情况不清,施工前无安全措施或作业安全交底不清,不盲目操作。

(4)新技术、新工艺、新设备、新材料、新岗位无安全措施,未进行安全培训教育、交底,不盲目操作。

(5)安全帽和作业所必需的个人防护用品不落实,不盲目操作。

(6)脚手、吊篮、塔吊、井字架、龙门架、外用电梯、起重机械、电焊机、钢筋机械、木工平刨、圆盘锯、搅拌机、打桩机等设施设备和现浇混凝土模板支撑、搭设安装后,未经验收合格,不盲目操作。

(7)作业场所安全防护措施不落实,安全隐患不排除,威胁人身和国家财产安全时,不盲目操作。

(8)凡上级或管理干部违章指挥,有冒险作业情况时,不盲目操作。

(9)高处作业、带电作业、禁火区作业、易燃易爆作业、爆破性作业、有中毒或窒息危险的作业和科研实验等其他危险作业的,均应由上级指派,并经安全交底;未经指派批准、未经安全交底和无安全防护措施,不盲目操作。

(10)隐患未排除,有自己伤害自己、自己伤害他人、自己被他人伤害的不安全因素存在时,不盲目操作。

8."防止坠落和物体打击"的十项安全要求

(1)高处作业人员必须着装整齐,严禁穿硬塑料底等易滑鞋、高跟鞋,工具应随手放入工具袋中。

(2)高处作业人员严禁相互打闹,以免失足发生坠落危险。

(3)在进行攀登作业时,攀登用具结构必须牢固可靠,使用必须正确。

(4)各类手持机具使用前应检查,确保安全牢靠。洞口临边作业应防止物件坠落。

(5)施工人员应从规定的通道上下,不得攀爬脚手架、跨越阳台,在非规定通道进行攀登、行走。

(6)进行悬空作业时,应有牢靠的立足点并正确系挂安全带;现场应视具体情况配置防护栏网、栏杆或其他安全设施。

(7)高处作业时,所有物料应该堆放平稳,不可放置在临边或洞口附近,并不可妨碍通行。

(8)高处拆除作业时,对拆卸下的物料、建筑垃圾都要加以清理和及时运走,不得在走道上任意乱置或向下丢弃,保持作业走道畅通。

(9)高处作业时,不准往下或向上乱抛材料和工具等物件。

(10)各施工作业场所内,凡有坠落可能的任何物料,都应先行撤除或加以固定,拆卸作业要在设有禁区、有人监护的条件下进行。

9.防止机械伤害的"一禁、二必须、三定、四不准"

(1)一禁。不懂电器和机械的人员严禁使用和摆弄机电设备。

(2)二必须。

1)机电设备应完好,必须有可靠有效的安全防护装置。

2)机电设备停电、停工休息时必须拉闸关机,按要求上锁。

(3)三定。

1)机电设备应做到定人操作,定人保养、检查。

2)机电设备应做到定机管理、定期保养。

3)机电设备应做到定岗位和岗位职责。

(4)四不准。

1)机电设备不准带病运转。

2)机电设备不准超负荷运转。

3)机电设备不准在运转时维修保养。

4)机电设备运行时,操作人员不准将头、手、身伸入运转的机械行程范围内。

10."防止车辆伤害"的十项安全要求

(1)未经劳动、公安交通部门培训合格的持证人员,不熟悉车辆性能者不得驾驶车辆。

(2)应坚持做好例保工作,车辆制动器、喇叭、转向系统、灯光等影响安全的部件如作用不良不准出车。

(3)严禁翻斗车、自卸车车厢乘人,严禁人货混装,车辆载货应不超载、超高、超宽,捆扎碰牢同可靠,应防止车内物体失稳跌落伤人。

(4)乘坐车辆应坐在安全处,头、手、身不得露出车厢外,要避免车辆启动制动时跌倒。

(5)车辆进出施工现场,在场内掉头、倒车,在狭窄场地行驶时应有专人指挥。

(6)现场行车进场要减速,并做到"四慢",即道路情况不明要慢,线路不良要慢,起步、会车、停车要慢,在狭路、桥梁弯路、坡路、叉道、行人拥挤地点及出入大门时要慢。

(7)在临近机动车道的作业区和脚手架等设施,以及在道路中的路障应加设安全色标、安全标志和防护措施,并要确保夜间有充足的照明。

(8)装卸车作业时,若车辆停在坡道上,应在车轮两侧用楔形木块加以固定。

(9)人员在场内机动车道应避免右侧行走,并做到不平排结队有碍交通;避让车辆时,应不避让于两车交会之中,不站在旁有堆物无法退让的死角。

(10)机动车辆不得牵引无制动装置的车辆,牵引物体时物体上不得有人,人不得进入正在牵引的物与车之间,坡道上牵引时,车和被牵引物下方不得有人作业和停留。

11."防止触电伤害"十项安全操作要求

根据安全用电"装得安全、拆得彻底、用得正确、修得及时"的基本要求,为防止触电伤害的操作要求有:

(1)非电工严禁拆接电气线路、插头、插座、电气设备、电灯等。

(2)使用电气设备前必须要检查线路、插头、插座、漏电保护装置是否完好。

(3)电气线路或机具发生故障时,应找电工处理,非电工不得自行修理或排除故障。

(4)使用振捣器等手持电动机械和其他电动机械从事湿作业时,要由电工接好电源,安装漏电保护器,操作者必须穿戴好绝缘鞋、绝缘手套后再进行作业。

(5)搬迁或移动电气设备必须先切断电源。

(6)搬运钢筋、钢管及其他金属物时,严禁触碰到电线。

(7)禁止在电线上挂晒物料。

(8)禁止使用照明器烘烤、取暖,禁止擅自使用电炉和其他电加热器。

(9)在架空输电线路附近工作时,应停止输电,不能停电时,应有隔离措施,要保持安全距离,防止触碰。

(10)电线必须架空,不得在地面、施工楼面随意乱拖,若必须通过地面、楼面时应有过路保护,物料、车、人不准压踏碾磨电线。

12. 施工现场防火安全规定

(1) 施工现场要有明显的防火宣传标志。

(2)施工现场必须设置临时消防车道。其宽度不得小于3.5m,并保证临时消防车道的畅通,禁止在临时消防车道上堆物、堆料或挤占临时消防车道。

(3)施工现场必须配备消防器材,做到布局合理。要害部位应配备不少于4具的灭火器,要有明显的防火标志,并经常检查、维护、保养、保证灭火器材灵敏有效。

(4)施工现场消火栓应布局合理,消防干管直径不小于100mm,消火栓处昼夜要设有明显标志,配备足够的水龙带,周围3m内不准存放物品。地下消火栓必须符合防火规范。

(5)高度超过24m的建筑工程,应安装临时消防竖管。管径不得小于75mm,每层设消火栓口,配备足够的水龙带。消防水要保证足够的水源和水压,严禁消防竖管作为施工用水管线。消防泵房应使用非燃材料建造,位置设置合理,便于操作,并设专人管理,保证消防供水。消防泵的专用配电线路应引自施工现场总断路器的上端,要保证连续不间断供电。

(6)电焊工、气焊工从事电气设备安装的电、气焊切割作业,要有操作证和用火证。用火前,要对易燃、可燃物采取清除、隔离等措施,配备看火人员和灭火器具,作业后必须确认无火源隐患后方可离去。用火证当日有效。用火地点变换,要重新办理用火证手续。

(7)氧气瓶、乙炔瓶工作间距不小于5m,两瓶与明火作业距离不小于10m。建筑工程内禁止氧气瓶、乙炔瓶存放,禁止使用液化石油气"钢瓶"。

(8)施工现场使用的电气设备必须符合防火要求。临时用电必须安装过载保护装置,电闸箱内不准使用易燃、可燃材料。严禁超负荷使用电气设备。

(9)施工材料的存放、使用应符合防火要求。库房应采用非燃材料支搭,易燃易爆物品应专库储存,分类单独存放,保持通风,用电符合防火规定。不准在工程内、库房内调配油漆、稀料。

(10)工程内部不准作为仓库使用,不准存放易燃、可燃材料,因施工需要进入工程内部的可燃材料,要根据工程计划限量进入并采取可靠的防火措施。废弃材料应及时消除。

(11)施工现场使用的安全网、密目式安全网、密目式防尘网、保温材料,必须符合消防安全规定,不得使用易燃、可燃材料。

(12)施工现场严禁吸烟,不得在建设工程内部设置宿舍。

(13)施工现场和生活区,未经有关部门批准不得使用电热器具。严禁工程中明火保温施工及宿舍内明火取暖。

(14)从事油漆粉刷或防水等危险作业时,要有具体的防火要求,必要时派专人看护。

(15)生活区的设置必须符合消防管理规定。严禁使用可燃材料搭设,宿舍内不得卧床吸烟,房间内住20人以上必须设置不小于2处的安全门;居住100人以上,要有消防安全通道及人员疏散预案。

(16)生活区的用电要符合防火规定。食堂使用的燃料必须符合使用规定,用火点和燃料不能在同一房间内,使用时要有专人管理,停火时将总开关关闭,经常检查有无泄漏。

三、测量放线工安全操作要求

1. 施工现场测量作业特点

施工测量人员在施工现场,虽比不上架子工、电工或爆破工遇到的险情多,但是测量放线工作的需要,使测量人员在安全隐患方面有"八多"。即:

(1)要去的地方多、观测环境变化多。测量放线工作从基坑到封顶,从室内结构到室外管线的各个施工角落均要放线,所以要去的地方多,且各测站上的观测环境变化多。

(2)接触的工种多、立体交叉作业多。测量放线从打护坡桩挖土到结构支模,从预留埋件的定位到室内外装饰设备的安装,需要接触的工种多、相互配合多,尤其是相互立体交叉作业多。

(3)在现场工作时间多,天气变化多。测量人员每天早晨上班要早,以检查线位桩点,下午下班要晚,以查清施工进度,安排明天的活茬,中午工地人少,正适合加班放线,以满足下午施工的需要,所以施工测量人员在现场工作时间多;天气变化多,也应尽量适应。

(4)测量仪器贵重,各种附件与斧锤、墨斗工具多、接触机电机会多。测量仪器怕摔砸,斧锤怕失手,线坠怕坠落,人员怕踩空跌落;现场电焊机、临时电线多。因此,钢尺与铝质水准尺触电机会多。

总之,测量人员在现场放线中,要精神集中观测与计算,而周围的环境却千变万化,上述的"八多"隐患均有造成人身或仪器损伤的可能。为此,测量人员必须在制订测量放线方案中,应根据现场情况按"预防为主"的方针,在每个测量环节中落实安全生产的具体措施。并在现场放线中严格遵守安全规章、时时处处谨慎作业,既要做到测量成果好,更要人身仪器双安全。

2. 建筑工程测量安全作业要点

(1)为贯彻"安全第一、预防为主"的基本方针,在制订测量放线方案中,就要针对施工安排和施工现场的具体情况,在各个测量阶段落实安全生产措施,做到预防为主。尤其是人身与仪器的安全,尽量减少立体作业,以防坠落与摔砸。如平面控制网站的布设要远离施工建筑物,内控法做竖向投测时,要在仪器上方采取可靠措施等。

(2)对新参加测量的工作人员,在进行做好测量放线、验线应遵守的基本准则教育的同时,针对测量放线工作存在安全隐患"八多"的特点,进行安全操作教育,使他们能严格遵守安全规章制度;现场作业必须戴好安全帽,高处或临边作业要绑扎安全带。

(3)各施工层上作业,要注意"四口"安全,不得从洞口或井字架上下,防止坠落。

(4)上下沟槽、基坑或登高作业应走安全梯或马道。在槽、基坑底作业前,必须检查槽帮的稳定性,确认安全后再下槽、基坑。

(5)在脚手板上行走、防踩空或板悬挑,在楼板临边放线,不要紧靠防护设备,严防高空坠落;机械运转时,不得在机械运转范围内作业。

(6)测量作业钉桩前,应检查锤头的牢固性。作业时与他人协调配合,不得正对他人抡锤。

(7)楼层上钢尺量距要远离电焊机和机电设备,用铅质水准尺抄平时,要防止碰撞架空电线,以防造成触电事故。

(8)仪器不得已安置在光滑的水泥地面上时,要有防滑措施,如三脚架尖要插入土中或小坑内,以防滑倒。仪器安置后必须设专人看护,在强阳光下或安全网下都要打伞防护;夜间或黑暗处作业时,应具备必要的照明安全设备。

(9)有不宜登高作业疾病者,如高血压、心脏病等,不宜高空作业。

(10)操作时必须精神集中,不得玩笑打闹,或往楼下或低处掷杂物,以免伤人、砸物。

3. 市政工程测量安全作业要点

(1)进入施工现场必须按规定,佩戴安全防护用品。

(2)作业时必须避让机械,躲开坑、槽、井,选择安全的路线和地点。

(3)上下沟槽、基坑应走安全梯或马道,在槽、基坑底作业前,必须检查槽帮的稳定性,确认安全后再下槽、基坑作业。

(4)高处作业必须走安全梯或马道,临边作业时必须采取防坠落的措施。

(5)在社会道路上作业时必须遵守交通规则,并据现场情况采取防护、警示措施,避让车辆,必要时设专人监护。

(6)进入井、深基坑(槽)及构筑物内作业时,应在地面进出口处设专人监护。

(7)机械运转时,不得在机械运转范围内作业。

(8)测量作业钉桩前应检查锤头的牢固性,作业时与他人协调配合,不得正对他人抡锤。

(9)需在河流、湖泊等水中测量作业前,必须先征得主管单位的同意,掌握水深、流速等情况,并据现场情况采取防溺水措施。

(10)冬期施工不应在冰上进行作业。严冬期间需在冰上作业时,必须在作业前进行现场探测,充分掌握冰层厚度,确认安全后,方可在冰上作业。

下篇 测量放线工岗位操作技能

第四章　距离测量

第五章　水准测量

第六章　角度测量

第七章　建筑施工测量

第八章　竣工测量及地形测绘

第四章 距离测量

第一节 普通量距

一、钢尺量距

1. 测量工具

(1)钢尺。钢尺是用钢制成的带状尺,尺的宽度约为10~15mm,厚度约为0.4mm,长度有20m、30m、50m等几种。钢尺有卷放在圆盘形的尺壳内的,也有卷放在金属或塑料尺架上的,如图4-1所示。钢尺的基本分划为厘米(cm),在每厘米、每分米及每米处,印有数字注记。

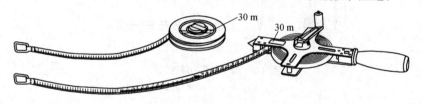

图4-1 钢尺

根据零点位置的不同,钢尺有端点尺和刻线尺两种。端点尺是以尺的最外端作为尺的零点,如图4-2(a)所示;刻线尺是以尺前端的一条分划线作为尺的零点,如图4-2(b)所示。

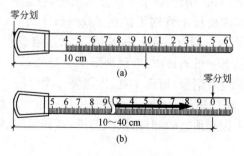

图4-2 钢尺的分刻
(a)端点尺;(b)刻线尺

(2)其他辅助工具。有测钎、标杆、垂球,精密量距时还需要有弹簧秤、温度计和尺夹。测钎用于标定尺段[图4-3(a)],标杆用于直线定线[图4-3(b)],垂球用于在不平坦地面丈量时,将钢尺的端点垂直投影到地面,弹簧秤用于对钢尺施加规定的拉力[图4-3(c)],温度计用于测定钢尺量距时的温度[图4-3(d)],以便对钢尺丈量的距离施加温度改正。尺夹用于安装在钢尺末端,以方便持尺员稳定钢尺。

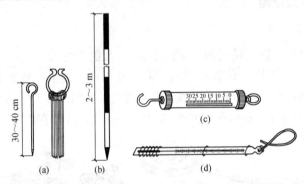

图4-3 钢尺量距的辅助工具

(a)测钎;(b)标杆;(c)弹簧秤;(d)温度计

2.测量方法

(1)平坦地面的距离丈量。

丈量工作一般由两人进行。如图4-4所示,清除待量直线上的障碍物后,在直线两端点A、B竖立标杆,后尺手持钢尺的零端位于A点,前尺手持钢尺的末端和一组测钎沿AB方向前进,行至一个尺段处停下。后尺手用手势指挥前尺手将钢尺拉在AB直线上,后尺手将钢尺的零点对准A点。当两人同时将钢尺拉紧后,前尺手在钢尺末端的整尺段长分划处竖直插下一根测钎(在水泥地面上丈量插不下测钎时,可用油性笔在地面上画线做记号)得到1点,即量完一个尺段。前后尺手抬尺前进,当后尺手到达插测钎或画记号处时停住。重复上述操作,量完第二尺段。后尺手拔起地上的测钎,依次前进,直到量完AB直线的最后一段为止。

最后一段距离一般不会刚好为整尺段的长度,称为余长。丈量余长时,前尺手在钢尺上读取余长值,则最后A、B两点间的水平距离为

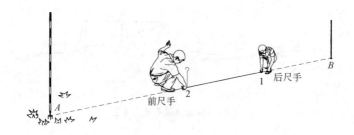

图 4-4 平坦地面的距离丈量

$$D_{AB} = n \times 尺段长 + 余长 \qquad (4\text{-}1)$$

式中　n——整尺段数。

在平坦地面,钢尺沿地面丈量的结果就是水平距离。为了防止丈量中发生错误和提高量距的精度,需要往返丈量。上述为往测,返测时要重新定线。往返丈量距离较差的相对误差 K 为

$$K = \frac{|D_{AB} - D_{BA}|}{\overline{D}_{AB}} \qquad (4\text{-}2)$$

式中　$\overline{D}_{AB}$——往返丈量距离的平均值。

在计算距离较短的相对误差时,一般将其化为分子为 1 的分式,相对误差的分母越大,说明量距的精度越高。对于钢尺量距导线,钢尺量距往返丈量较差的相对误差一般不应大于 1/3000,当量距的相对误差没有超过规定时,取距离往返丈量的平均值 $\overline{D}_{AB}$ 作为两点间的水平距离。

(2) 倾斜地面的距离丈量。

1) 平尺丈量法。在斜坡地段丈量时,可将尺的一端抬起,使尺身水平。若两尺端高差不大,可用线坠向地面投点,如图 4-5(a)所示。若地面高差较大,则可利用垂球架向地面投点,如图 4-5(b)所示。若量整尺段不便操作,可用零尺段丈量。一般来说,从上坡向下坡丈量比较方便,因为这时可将尺的 0 端固定在地面桩上,尺身不致窜动。平尺丈量时应注意:①定线要直;②垂线要稳;③尺身要平;④读数要与垂线对齐;⑤尺身悬空大于 6m 时,要设水平托桩。

2) 斜距丈量法。如图 4-6 所示,先沿斜坡量尺,并测出尺端高差,然

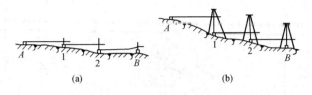

图 4-5 斜坡地段平尺丈量法

后计算水平距离。计算有两种方法。

①三角形计算法。在直角三角形中,按勾股弦定理,水平丈量记录可参照表 4-1 填写。表中用的是一把 50m 钢尺,已知该尺名义长度比标准长 8mm,丈量温度为 25℃,测得 AB 两点间高差为 6.50m,BC 两点高差 1.60m。

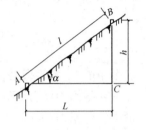

图 4-6 斜距丈量

表 4-1　　　　　　　水平丈量记录表

距 离 测 量 手 簿

工程名称　　　　　　　　日期　年　月　日　记录
钢尺号 3#(50m)　　　　　　钢尺实长 50.008m
钢尺检定拉力 100N(10kg)　　钢尺检定温度 20℃

尺段编号	实测次数	前尺读数/m	后尺读数/m	尺段长度/m	丈量温度/℃	高差/m	温差改正/mm	尺长改正/mm	高差改正/mm	实际距离/m
A-B	1	45.400	0.029	45.371	25	6.500	+3	+7	−468	
	2	45.400	0.025	45.375						
	3	45.400	0.030	45.370						
	平均			45.372						44.914
B-C	1	48.000	0.043	47.957	25	1.600	+3	+8	−27	
	2	48.000	0.048	47.952						
	3	48.000	0.041	47.959						
	平均			47.956						47.940
…	…	…	…	…	…	…				
总和										92.854

②三角函数法。

在图 4-6 中若知道斜坡面与水平线之间的倾斜角,则可利用三角函数关系计算水平距离。

$$L = l \cdot \cos\alpha \tag{4-3}$$

3. 钢尺量距的改正数

(1)钢尺尺长改正数的理论公式。用钢尺测量空间两点间的距离时,因钢尺本身有尺长误差(或刻划误差),在两点之间测量的长度不等于实际长度,此外因钢卷尺在两点之间无支托,使尺下挠引起垂曲误差,为使下挠垂曲小一些,需对钢尺施加一定的拉力,此拉力又势必使钢尺产生弹性变形,在尺端两桩高差为零的情况下,可列出钢尺尺长改正数理论公式的一般形式为

$$\Delta L_i = \Delta C_i + \Delta P_i - \Delta S_i \tag{4-4}$$

式中　ΔL_i——零尺段尺长改正数;

ΔC_i——零尺段尺长误差(或刻划误差);

ΔS_i——钢尺尺长垂曲改正数;

ΔP_i——钢尺尺长拉力改正数。

钢尺上的刻划和注字,表示钢尺名义长度,由于钢尺制造设备,工艺流程和控制技术的影响,会有尺长误差,为了保证量距的精度,应对钢尺作检定,求出尺长误差的改正数。

检定钢尺长度(水平状态)是在野外钢尺基线场标准长度上,每隔 5m 设一托桩,以比长方法,施以一定的检定压力,检定 0～30m 或 0～50m 刻划间的长度,由此可按式(4-5)计算出尺长误差的改正数。

$$\Delta L_{平检} = L_{基} - L_{量} \tag{4-5}$$

式中　$\Delta L_{平检}$——钢尺水平状态检定拉力 P_0、20℃时的尺长误差改正数;

$L_{基}$——比尺长基线长度;

$L_{量}$——钢尺量得的名义长度。

当钢尺尺长误差分布均匀时,钢尺尺长误差与长度成比例关系,则零尺段尺长误差的改正公式为

$$\Delta C_i = \frac{L_i}{L} \cdot \Delta L_{平检} \tag{4-6}$$

式中　ΔC_i——零尺段尺长误差改正数；
　　　L_i——零尺段长度；
　　　L——整尺段长度。

所求得的尺长改正数亦可送有资质的单位去做检定。

(2)温度改正。钢尺的长度是随温度而变化的。钢的线胀系数 α 一般为 $0.0000116\sim0.0000125℃^{-1}$，为了简化计算工作，取 $\alpha=0.000012$。若量距时温度 t 不等于钢尺检定时的标准温度 t_0（t_0 一般为 $20℃$），则每一整尺段 L 的温度改正数 ΔL_t 按下式计算

$$\Delta L_t = \alpha(t-t_0)L \tag{4-7}$$

(3)垂曲改正。如果钢尺在检定时，尺间按一定距离设有水平托桩，或沿水平地面丈量，而在实际作业时不能按此条件量距，须悬空丈量，钢尺必然下垂，此时对所量距离必须进行垂曲改正。

垂曲改正数按式(4-8)计算。

$$\Delta l = -\frac{W^2 \times L^3}{24 \times P^2} \tag{4-8}$$

式中　W——钢尺每米重力(N/m)；
　　　L——尺段两端间的距离(m)；
　　　P——拉力(N)。

例如：$L=28\text{m}, W=0.19\text{N/m}, P=100\text{N}$ 代入上式，则

$$\Delta l = -\frac{0.19^2 \times 28^3}{24 \times 100^2} = -0.0033(\text{m})$$

(4)拉力改正。钢尺长度在拉力作用下有微小的伸长，用它测量距离时，读得的"假读数"，必然小于真实读数，所以应在"假读数"上加拉力改正数，此改正数可用材料力学中虎克定律算出，而在弹性限度内，钢尺的弹性伸长与拉力的关系式为

$$\Delta P_i = \frac{PL_i}{E \cdot F} \tag{4-9}$$

式中　E——钢尺的弹性模量，$1.96 \times 10^7 \text{N/cm}^2$；
　　　F——钢尺的横断面积，以 cm^2 为单位。

因钢尺尺长误差的改正数，已含有 P_0 拉力的弹性伸长，则上式改为

$$\Delta P_i = \frac{L_i}{E \cdot F}(P - P_0) \qquad (4\text{-}10)$$

令

$$G = \frac{1}{E \cdot F} \qquad (4\text{-}11)$$

$$\Delta P_i = G \cdot L_i \cdot (P - P_0) \qquad (4\text{-}12)$$

式中 P——测量时的拉力；

P_0——检定时的拉力；

L_i——零尺段长度；

G——钢尺延伸系数。

通常，在实际测量距离时所使用的拉力，总是等于钢尺检定时所使用的拉力，因而不需进行拉力改正。

4. 钢尺的检定

(1) 自检。以经过检定的钢尺作为标准尺，把被检尺与标准尺进行比较。方法是：选择平坦场地，两把尺的长度应相等（都是 30m 或 50m），两尺平行摆放，先将两尺的 0 刻画线对齐，然后施以同样大小的拉力，则被检尺与标准尺整尺段的差值，就是被检尺的误差。如图 4-7 中 30m 处的刻画差。这种检验方法要经过三次以上的重复比较，最后取平均差值作为检定成果。经检定过的钢尺要在尺架上编号，注明误差值，以备精密丈量使用。

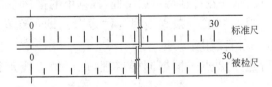

图 4-7 比较法检定钢尺

(2) 送检。将尺送专业部门检定，由专业部门提供检验成果。

二、直线定线

1. 两点间定线

(1) 经纬仪定线。如图 4-8 所示，做法如下。

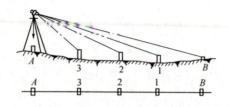

图 4-8 经纬仪定线

1)将经纬仪安置在 A 点,在任意度盘位置照准 B 点。

2)低转望远镜,一人手持木桩,按观测员指挥,在视线方向上根据尺段所需距离定出 1 点,然后再低转望远镜依次定出 2 点。则 A、2、1、B 点在一条直线上。

(2)目测法定线。如图 4-9 所示,做法如下。

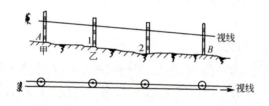

图 4-9 目测法定线

1)先在 A、B 点分别竖直立好花杆,观测员甲站在 A 点花杆后面,用单眼通过 A 点花杆一侧瞄准 B 点花杆同一侧,形成连线。

2)观测员乙拿一花杆在待定点 1 处,根据甲的指挥左右移动花杆。当甲观测到三根花杆成一条直线时,喊"好",乙即可在花杆处标出 1 点,A、1、B 在一条直线上。

3)同法可定出 2 点。根据同样道理,也可做直线延长线的定线工作。

2. 过山头定线

若两点间有山头,不能直接通视,可采用趋近法定线。

(1)目测法。如图 4-10(a)所示,做法如下。

1)甲选择既能看到 A 点又能看到 B 点靠近 AB 连线的一点甲$_1$ 立花杆,乙拿花杆根据甲的指挥,在甲$_1B$ 连线上定出乙$_1$ 点,乙$_1$ 点应靠近 B 点,但应看到 A 点。

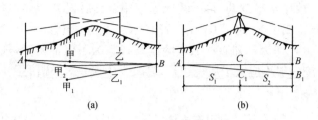

图 4-10 过山头定线

2)甲按乙的指挥,在 $乙_1A$ 连线上定出 $甲_2$ 点, $甲_2$ 应靠近 A 点,且能看到 B 点。

这样互相指挥,逐步向 AB 连线靠近,直到 A 甲乙在一条直线上,同时甲乙 B 也在一条直线上为止,这时 A、甲、乙、B 四点便在一条直线上。

(2)经纬仪定线。如图 4-10(b)所示,做法如下。

1)将经纬仪安置在 C_1 点,任意度盘位置,正镜后视 A 点,然后转倒镜观看 B 点,由于 C_1 点不可能恰在 AB 连线上,因此,视线偏离到 B_1 点。量出 BB_1 距离,按相似三角形比例关系有

$$S_1 : CC_1 = (S_1 + S_2) : BB_1$$

$$CC_1 = \frac{S_1 \times BB_1}{(S_1 + S_2)}$$

S_1, S_2 的长度可以目测。

2)将仪器向 AB 连线移动 CC_1 距离,再按上述方法进行观测,若视线仍偏离 B 点,再进行调整。直到 A、C、B 在一条直线上为止。

3. 正倒镜法定线

如图 4-11 所示,要求把已知直线 AB 延长到 C 点。具体做法如下:

图 4-11 正倒镜法定线

将仪器安于 B 点,对中调平后,先以正镜后视 A 点,拧紧水平制动,防止望远镜水平转动,然后纵转望远镜成倒镜,在视线方向线上定

出 C_1 点。放松水平制动,再平转望远镜用倒镜后视 A 点,拧紧水平制动,又纵转镜成正镜,定出 C_2 点。若 C_1、C_2 两点不重合,则取 C_1、C_2 点的中间位置 C 作为已知直线 AB 的延长线。为了保证精度,规定直线延长的长度一般不应大于后视边长,以减少中误差对长边的影响。

4. 延伸法定线

如图 4-12 所示,要求把已知直线 AB 延长到 C 点。具体做法如下:

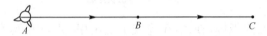

图 4-12 延伸法定线

将仪器安于 A 点,对中调平后,以正镜照准 B 点,拧紧水平制动;然后,抬高望远镜,在前视方向线上定出 C 点,此 C 点就是 AB 直线的延长线。

5. 绕障碍物定线

图 4-13 中,欲将直线 AB 延长到 C 点,但有障碍物不能通视,可利用经纬仪和钢尺相配合,用测等边三角形或测矩形的方法,绕过障碍物,定出 C 点。

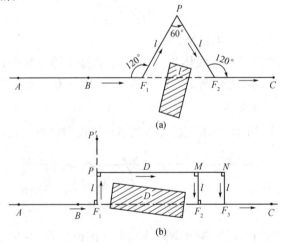

图 4-13 绕障碍物定线

(1) 等边三角形法。等边三角形的特点是三条边等长,三个内角都等于 60°。在图4-13(a)中先作直线 AB 的延长线,定出 F_1 点,移仪器于 F_1 点,后视 A 点,顺时针测 120°,定出 P 点。移仪器于 P 点,后视 F_1 点,顺时针测 300°,按 $PF_2=PF_1$ 定出 F_2 点。移仪器于 F_2 点,后视 P 点,顺时针测 120°定出 C 点。并且得知 $PF_1=PF_2=F_1F_2=l$。

(2) 矩形法。矩形的特点是对应边相等,内角都等于 90°。在图 4-13(b)中先作直线 AB 的延长线,定出 F_1 点,然后用测直角的方法,按箭头指的顺序,依次定出 P、M、N、F_2、F_3,最后定出 C 点。为减少后视距离短对测角误差的影响,可将图中转点 P 的引测距离适当加长。

第二节 视距测量法

视距测量法是一种间接测距方法,它是利用测量仪器望远镜内十字丝分划板上的视距丝及刻有厘米分划的视距标尺,根据光学原理,同时测定两点间的水平距离和高差的一种快速测距方法。

用有视距装置的测量仪器,按光学和三角学原理测定水平距离和高差的方法,称为"视距测量"。水准仪、经纬仪和平板仪的望远镜中,都设有视距丝,即"视距装置"。

视距测量操作简便,不受地形起伏变化的影响,只要测站上的仪器能看到测点上的立尺,便可迅速测算出两点间的水平距离和高差。但精度不高,多用于地形测量中测地形、地物特征点(称为"碎部点")。

一、测量仪器及操作

1. 激光经纬仪

(1) 激光经纬仪的构造。图 4-14 是某仪器厂生产的 J2-JD 型激光经纬仪,它以 J2 型光学经纬仪为基础,在望远镜上加装一只 He-Ne 气体激光器而成。由激光器发出的光束,经过一系列棱镜、透镜、光阑进入经纬仪的望远镜中(图 4-15),再从望远镜的物镜端射向目标,并在目标处呈一明亮清晰的光斑(图 4-16)。

(2) 激光经纬仪的操作。J2-JD 激光经纬仪的经纬仪部分操作方法与 J2 型光学经纬仪相同。下面介绍激光器中的特殊操作方法。

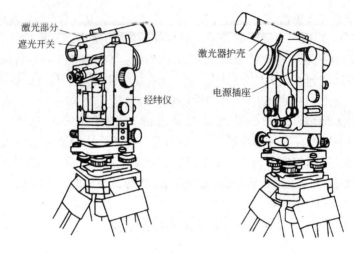

图 4-14 激光经纬仪

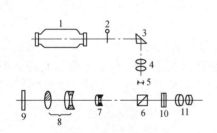

图 4-15 光束射程

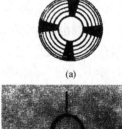

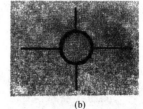

图 4-16 激光目标光斑

1—氦-氖气体激光器；2—遮光开关；3—反射棱镜；
4—聚光镜组；5—针孔光阑；6—分光棱镜组；
7—望远镜调焦镜组；8—望远镜物镜组；9—波带片；
10—望远镜分划板；11—望远镜目镜组

1）把激光器的引出线接上电源。注意在使用直流电源时不能接错正、负极。

2）开启电源开关，指示灯发亮，并可听到轻微的嗡嗡声。旋动电流调节旋钮,使激光电源工作在最佳电流值下(一般为 3~7mA)有很强的激光输出。激光束即通过棱镜、透镜系统进入望远镜,由望远镜物镜端发射出去。

3)观测完毕后,先将电源开关关断。指示灯熄灭,激光器停止工作,然后拉开电源。

4)激光器工作时,遮光开关及波带片两个部件,可根据需要分别用它们的旋钮控制使用。

(3)激光经纬仪的特点和应用。激光经纬仪除具有普通经纬仪的技术性能,可作常规测量外,又能发射激光,供作精度较高的角度坐标测量和定向准直测量。它与一般工程经纬仪相比,有如下的特点。

1)望远镜在垂直(或水平)平面上旋转,发射的激光可扫描形成垂直(或水平)的激光平面,在这两个平面上被观测的目标,任何人都可以清晰地看到。

2)一般经纬仪的场地狭小,安置仪器逼近测量目标时,如仰角大于50°,就无法观测。激光经纬仪主要依靠发射激光束来扫描定点,可不受场地狭小的影响。

3)激光经纬仪可向天顶发射一条垂直的激光束,用它代替传统的锤球吊线法测定垂直度,不受风力的影响,施测方便、准确、可靠。

4)能在夜间或黑暗场地进行测量工作。

由于激光经纬仪具有上述的特点,特别适合做以下的施工测量工作。

①高层建筑及烟囱、塔架等高耸构筑物施工中的垂度观测和准直定位。如某电厂 180m 钢筋混凝土烟囱滑模施工中,用一台 KASSEL 型经纬仪,加装一个 He-Ne 激光管,制成激光对中仪(图 4-17),仪器置于地下室烟囱中心点上,将激光的阴极对准中心点,调整经纬仪水准管,使气泡居中,严格整平后,进行望远镜调焦,使光斑直径最小,这时仪器射出的激光束,反应在平台接受靶上,即可测出烟囱的中心。由于使用激光对中仪对中,比用传统的垂球对中节约时间,提高了精度,并可随时检查筒身中心线,便于及时纠偏。使用结果:180m 高的烟囱,滑升到顶时,中心偏差只有 1.2cm,为国家规范允许偏差 18cm 的 1/15。

②结构构件及机具安装的精密测平和垂直度控制测量。如图 4-18

所示,用两台激光经纬仪置于柱基互相垂直的两条轴线上,在场地狭小的情况下,可以比一般经纬仪更靠近柱子。安置、对中、整平等手续同一般经纬仪。转动望远镜,打开遮光开关,发射激光束,使光斑沿柱的平面轴线扫描到柱脚校正柱脚位置后缓缓仰视柱顶,如柱的轴线与光斑偏离(人人都可看到),可立即进行校正。两台激光经纬仪发射的光斑都正对柱的轴线时,即为柱的正确位置。

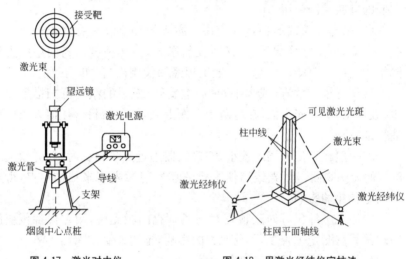

图 4-17　激光对中仪　　　　图 4-18　用激光经纬仪定柱法

③管道铺设及隧道、井巷等地下工程施工中的轴线测设及导向测量工作。

2.光电测距仪

(1)光电测距仪的构造,如图 4-19 所示。

光电测距仪是在经纬仪上加装光电测距头子,一般是配套的,什么型号测距头子配什么样型号的经纬仪,另外配一套反光棱镜。

(2)光电测距仪的用途。为了测量 A、B 两点之间的距离,在 A 点安置光电测距仪主机,在 B 点安置反光棱镜。如图 4-20 所示。

对中、整平后,开启光电测距仪。发射望远镜发出一水平激光束射向 B 点反光棱镜,经过反射的激光束仍以水平方向折回 A 点,接收望远镜能够把折回的激光束调制、放大并精确地测出 A、B 两点的距离,

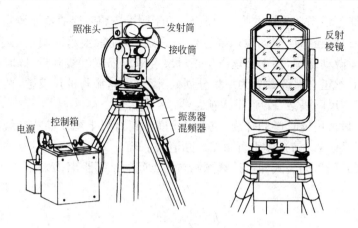

图 4-19　光电测距仪构造

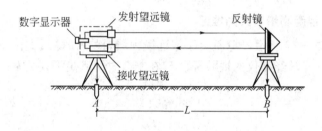

图 4-20　光电测距仪使用示意

可直接由数字计数器上显示出来。它的测距精度视仪器不同而各异，一般的光电测距仪精度可达$(\pm 5+10\times 10^{-6})$mm。

(3)光电测距仪的检验与校正。

1)委托检定。送有关部门检验与校正。

2)自检。自检必须具有一定的检定设备，对光电测距相当熟悉，目前国内使用的光电测距仪品种相当多，建议送有关部门检定。

二、视距测量的方法

(1)在测站上安置经纬仪，对中、整平。

(2)用皮尺量得经纬仪望远镜水平轴中心到测站点地面的铅垂距离，称为"仪器高 i"(注意视距测量的"仪器高"与水准测量的"仪器高"称呼相同，但意义不同，不能混为一谈)。在视距尺或水准尺上，用橡皮筋或红色线系在尺读数为 i 的地方,便于照准。将尺竖直立于测点上。

(3)用经纬仪望远镜照准测点上的立尺,旋紧望远镜固定扳手,用望远镜微动螺旋,使十字丝横丝正对尺上橡皮筋或红线附近,同时使视距丝上丝正对尺读数处为一整分划处,读上下丝截得的尺读数,两者之差称为"尺间隔数"(l)。记入视距测量手簿。

(4)再用镜管微动螺旋,使十字丝横丝正对尺上橡皮筋或红线的地方(即尺读数为 i),读垂直角(α),亦记入手簿。

(5)用下列公式即可计算测站与测点间的水平距离(d)和高差(h)。

$$d = kl\cos^2\alpha \tag{4-13}$$

$$h = \frac{1}{2}kl\sin 2\alpha \tag{4-14}$$

式中 k——视距常数。一般经纬仪取 $k=100$。

三、视距测量公式的推证

如图 4-21 所示,PQ 垂直于望远镜视线,设在 PQ 线上读得尺间隔数为 l'。光学经纬仪的视距常数 k,在制造时即满足下列关系:

$$k = \frac{两点间距离\ d'}{尺间隔数\ l'} = 100 \tag{4-15}$$

所以
$$d' = kl' \tag{4-16}$$

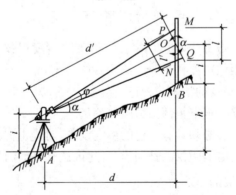

图 4-21 视距测量公式的推证

图中 △OMP 及 △ONQ,因 α 角较小,故 ∠OPM = ∠OQN,且近似等于一直角。

又 $\quad l'=OP+OQ=OM\cos\alpha+ON\cos\alpha$
$\quad\quad (OM+ON)\cos\alpha=l\cos\alpha$

代入式(4-16)
$$d'=kl'=kl\cos\alpha \tag{4-17}$$

由图 4-21,得
$$d=d'\cos\alpha=kl\cos^2\alpha \tag{4-18}$$

又 $\quad\quad d'=kl\cos\alpha$
$$h=d'\cdot\sin\alpha=kl\cos\alpha\cdot\sin\alpha=kl\sin\alpha\cos\alpha$$
$$=\frac{1}{2}\times 2\times kl\sin\alpha\cos\alpha=\frac{1}{2}kl2\sin\alpha\cos\alpha=\frac{1}{2}kl\sin2\alpha \tag{4-19}$$

如 A、B 两点位于同一水平面上时,则 $\alpha=0°$,即两点无高差。

第三节 直 线 定 向

确定地面上两点之间的相对位置,仅知道两点之间的水平距离是不够的,还必须确定此直线与标准方向之间的水平夹角。确定直线与标准方向之间的水平角度,称为直线定向。

一、标准方向的种类

1. 真子午线方向

通过地球表面某点的真子午线的切线方向,称为该点的真子午线方向,真子午线方向是用天文测量方法或用陀螺经纬仪测定的。

2. 磁子午线方向

磁子午线方向是磁针在地球磁场的作用下,磁针自由静止时,其轴线所指的方向。磁子午线方向可用罗盘仪测定。

3. 坐标纵轴方向

我国采用高斯平面直角坐标系,每一 6°带或 3°带内都以该带的中央子午线作为坐标纵轴,因此,在该带内直线定向时,就用该带的坐标纵轴方向作为标准方向。如采用假定坐标系,则用假定的坐标纵轴(X 轴)作为标准方向。

二、表示直线方向的方法

测量工作中,常采用方位角来表示直线的方向。

由标准方向的北端起,顺时针方向量到某直线的夹角,称为该直线的方位角。角值范围为 $0°\sim360°$。

如图 4-22,若标准方向 ON 为真子午线方向,并用 A 表示真方位角,则 A_1、A_2、A_3、A_4 分别为直线 $O1$、$O2$、$O3$、$O4$ 的真方位角。若 ON 为磁子午线方向,则各角分别为相应直线的磁方位角。磁方位角用 A_m 表示。若 ON 为坐标纵轴方向,则各角分别为相应直线的坐标方位角,用 α 表示之。

三、几种方位角之间的关系

1. 真方位角与磁方位角之间的关系

由于地磁南北极与地球的南北极并不重合,因此,过地面上某点的真子午线方向与磁子午线方向常不重合,两者之间的夹角称为磁偏角,如图 4-23 所示中的 δ。磁针北端偏于真子午线以东称东偏,偏于真子午线以西称西偏。直线的真方位角与磁方位角之间,可用下式进行换算

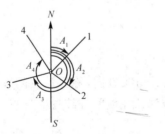

图 4-22 方位角示意

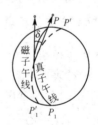

图 4-23 磁偏角示意

$$A = A_m + \delta \tag{4-20}$$

式中的 δ 值,东偏取正值,西偏取负值。我国磁偏角的变化在 $+6°$ 到 $-10°$ 之间。

2. 真方位角与坐标方位角之间的关系

中央子午线在高斯平面上是一条直线,作为该带的坐标纵轴,而其他子午线投影后为收敛于两极的曲线,如图 4-24 所示。图中,地面点

M、N 等点的真子午线方向与中央子午线之间的夹角,称为子午线收敛角,用 ν 表示。ν 角有正有负。在中央子午线以东地区,各点的坐标纵轴偏在真子午线的东边,ν 为正值;在中央子午线以西地区,ν 为负值。某点的子午线收敛角 ν,可用该点的高斯平面直角坐标为引数,在测量计算用表中查到。

也可用下式计算:

$$\nu = (L - L_0)\sin B$$

式中　L_0——中央子午线的经度;

L、B——计算点的经度、纬度。

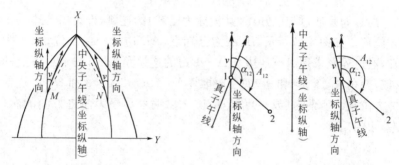

图 4-24　真方位角与坐标方位角的关系　　图 4-25　坐标方位角与磁方位角的关系

真方位角与坐标方位角之间的关系,如图 4-25 所示,可用下式进行换算

$$A_{12} = \alpha_{12} + \nu \tag{4-21}$$

3. 坐标方位角与磁方位角的关系

若已知某点的磁偏角 δ 与子午线收敛角 ν,则坐标方位角与磁方位角之间的换算式为

$$\alpha = A_m + \delta - \nu \tag{4-22}$$

四、正反坐标方位角

测量工作中的直线都是具有一定方向的。如图 4-26 所示,直线 1-2 的点 1 是起点,点 2 是终点;通过起点 1 的坐标纵轴方向,与直线 1-2 所夹的坐标方位角 α_{12},称为直线 1-2 的正坐标方位角。过终点 2

的坐标纵轴方向与直线 2－1 所夹的坐标方位角,称为直线 1－2 的反坐标方位角(是直线 2－1 的正坐标方位角)。正反坐标方位角相差 180°,即

$$\alpha_{21}=\alpha_{12}+180° \tag{4-23}$$

由于地面各点的真(或磁)子午线收敛于两极,并不互相平行,致使直线的反真(或磁)方位角不与正真(或磁)方位角差 180°,给测量计算带来不便,故测量工作中,均采用坐标方位角进行直线定向。

五、坐标方位角的推算

为了整个测区坐标系统的统一,测量工作中并不直接测定每条边的方向,而是通过与已知点(其坐标为已知)的连测,推算出各边的坐标方位角。如图 4-27 所示,B、A 为已知点,AB 边的坐标方位角 α_{AB} 为已知,通过连测求得 $A-B$ 边与 $A-1$ 边的连接角为 β',测出了各点的右(或左)角 β_A、β_1、β_2 和 β_3,现在要推算 $A-1$、$1-2$、$2-3$ 和 $3-A$ 边的坐标方位角。所谓右(或左)角是指位于以编号顺序为前进方向的右(或左)边的角度。

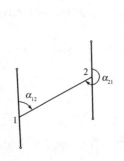

图 4-26 正、反坐标方位角

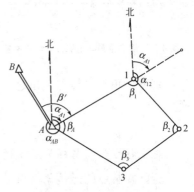

图 4-27 坐标方位角的推算

由图 4-27 可以看出

$$\alpha_{A1}=\alpha_{AB}+\beta'$$
$$\alpha_{12}=\alpha_{1A}-\beta_{1(右)}=\alpha_{A1}+180°-\beta_{1(右)}$$
$$\alpha_{23}=\alpha_{12}+180°-\beta_{2(右)}$$
$$\alpha_{3A}=\alpha_{23}+180°-\beta_{3(右)}$$

$$\alpha_{A1} = \alpha_{3A} + 180° - \beta_{A(右)}$$

将算得 α_{A1} 与原已知值进行比较,以检核计算中有无错误。计算中,如果 $\alpha + 180°$ 小于 $\beta_{(右)}$,应先加 360°再减 $\beta_{(右)}$。

如果用左角推算坐标方位角,由图 4-27 可以看出

$$\alpha_{12} = \alpha_{A1} + 180° + \beta_{1(左)}$$

计算中如果 α 值大于 360°,应减去 360°,同理可得

$$\alpha_{23} = \alpha_{12} + 180° + \beta_{2(左)}$$

从而可以写出推算坐方位角的一般公式为

$$\alpha_{前} = \alpha_{后} + 180° \pm \beta \tag{4-24}$$

式(4-24)中,β 为左角取正号,β 为右角取负号。

第四节 用罗盘仪测定磁方位角

一、罗盘仪的构造

罗盘仪是测量直线磁方位角的仪器,如图 4-28 所示。罗盘仪构造简单、使用方便,但精度不高,外界环境对仪器的影响较大,如钢铁建筑和高压电线,都会影响其精度。当测区内没有国家控制点可用,需要在小范围内建立假定坐标系的平面控制网时,可用罗盘仪测量磁方位角,作为该控制网起始边的坐标方位角;陀螺经纬仪精确定向时,也需要先用罗盘仪粗定向。

罗盘仪的主要部件有磁针、刻度盘、望远镜和基座。

(1)磁针:磁针 11 用人造磁铁制成,磁针在度盘中心的顶针尖上可自由转动。为了减轻顶针尖的磨损,不用时,可用磁针固定螺旋 12 升高磁针固定杆 14,将磁针固定在玻璃盖上。

(2)刻度盘:用钢或铝制成的圆环,随望远镜一起转动,每隔 10°有一注记,按逆时针方向从 0°注记到 360°,最小分划为 1°。刻度盘内装有一个圆水准器或者两个相互垂直的管水准器 13,用手控制气泡居中,使罗盘仪水平。

(3)望远镜:罗盘仪的望远镜与经纬仪的望远镜结构基本相似,也有物镜对光螺旋 4、目镜对光螺旋 5 和十字丝分划板等,望远镜的视准

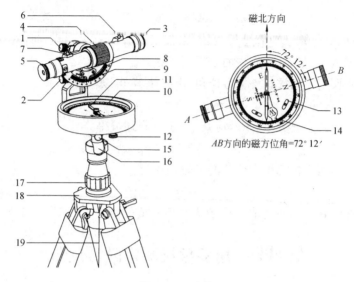

图 4-28 罗盘仪

1—望远镜制动螺旋；2—望远镜微动螺旋；3—物镜；4—物镜调焦螺旋；5—目镜调焦螺旋；
6—准星；7—照门；8—竖直度盘；9—竖盘读数指标；10—水平度盘；11—磁针；
12—磁针固定螺旋；13—管水准器；14—磁针固定杆；15—水平制动螺旋；16—球臼接头；
17—接头螺丝；18—三脚架头；19—垂球线

轴与刻度盘的 0°分划线共面。

（4）基座：采用球臼结构，松开接头螺旋 17，可摆动刻度盘，使水准气泡居中，度盘处于水平位置，然后拧紧接头螺旋。

二、用罗盘仪测定直线磁方位角的方法

欲测直线 AB 的磁方位角，将罗盘仪安置在直线起点 A，挂上垂球对中后，松开球臼接头螺旋，用手向前、后、左或右方向转动刻度盘，使水准器气泡居中，拧紧球臼接头螺丝，使仪器处于对中与整平状态。松开磁针固定螺旋，让它自由转动；转动罗盘，用望远镜照准 B 点标志；待磁针静止后，按磁针北端所指的度盘分划值读数，即为 AB 边的磁方位角值，如图 4-28 所示。

使用罗盘仪时，应避开高压电线和避免铁质物体接近仪器，测量结束后，应旋紧固定螺旋，将磁针固定在玻璃盖上。

第五章 水准测量

第一节 水准测量原理及仪器

一、水准测量的基本原理

水准测量是利用一条水平视线,并借助水准尺,来测定地面两点间的高差,由已知点的高程推算出未知点的高程的方法。

如图 5-1 所示,欲测定 A、B 两点之间的高差 h_{AB},可在 A、B 两点上分别竖立有刻画的尺子——水准尺,并在 A、B 两点之间安置一台能提供水平视线的仪器——水准仪。根据仪器的水平视线,在 A 点尺上读数,设为 a,在 B 点尺上读数,设为 b,则 A、B 两点间的高差为

$$h_{AB}=a-b \tag{5-1}$$

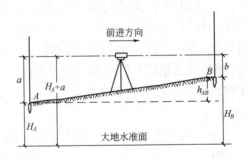

图 5-1 水准测量原理

如果水准测量是由 A 到 B 进行的,如图 5-1 中的箭头所示,由于 A 点为已知高程点,故 A 点尺上读数 a 称为后视读数;B 点为欲求高程的点,则 B 点尺上读数 b 为前视读数。高差等于后视读数减去前视读数。$a>b$ 高差为正;反之,为负。

若已知 A 点的高程为 H_A,则 B 点的高程为

$$H_B=H_A+h_{AB}=H_A+(a-b) \tag{5-2}$$

还可通过仪器的视线高 H_i 计算 B 点的高程,即

$$\left.\begin{array}{l}H_i = H_A + a \\ H_B = H_i - b\end{array}\right\} \quad (5\text{-}3)$$

式(5-2)是直接利用高差 h_{AB} 计算 B 点高程的,称高差法,式(5-3)是利用仪器视线高程 H_i 计算 B 点高程的,称仪高法。当安置一次仪器要求测出若干个前视点的高程时,仪高法比高差法方便。

二、水准尺和尺垫

1. 水准尺

水准尺又称"水准标尺"。有的尺上装有圆水准器或水准管,以便检验立尺时,尺身是否垂直(这是水准测量的基本要求)。一般常用的水准尺有两种。

(1) 塔尺。

塔尺多是由三节组合的空心木尺组成,因全部抽起后形似宝塔而得名。每节由下至上逐级缩小,不用时可逐节缩进,以便携带或存放,使用时再逐节拉出。各节拉出后,在接合处用弹簧卡口卡住。使用时,要检查卡口弹簧是否卡好。在使用过程中也要经常注意检查,以免尺长产生变动,引起测量结果错误。塔尺的总长一般为 4~5m,如图 5-2(a)所示,可用于精度要求不甚高的水准测量。

(2) 双面水准尺。

双面水准尺为木制板条状直尺,两面都有刻画尺度,如图 5-2(b)所示。全长多为 3~4m。

塔尺或双面水准尺,尺面刻画有黑白相间或红白相间的小格,每格为 5mm[图 5-2(a)]或 1cm[图 5-2(b)]。在每一分米处标注尺度数字,从 1m 起至 2m 间的分米数上方加一个圆点,2~3m 间的分米数上方加两个圆点,以此类推。例如 5̇ 为 1.5m,7̈ 为 3.7m。数字注记又有正写和倒写两种,如图 5-2(b)所示即为倒写数字的水准尺。因测量仪器的望远镜成像多为倒像,故倒写的数字在望远镜中读起来变成正像,方便而不易出差错。

双面水准尺的两个尺面都有刻画。一面为黑色,称为"主尺",也称为"黑尺";另一面为红色,称为"副尺",也称为"红尺"。

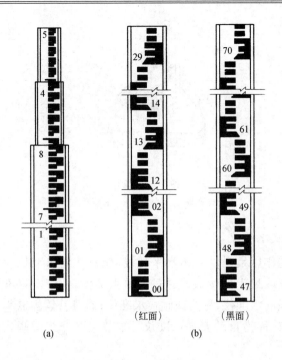

图 5-2 两种水准尺

塔尺的底部和双面尺的黑尺面底部,均为尺的零点;红尺面底部一只为 4.687m,另一只为 4.787m,故双面水准尺,由两只尺面刻画不同的尺配成一套,供读尺时检核有无差错之用。测量时,先用黑尺面,再在同一测点上反转尺面,用红尺面读数,如两次读数结果之差为 4.687m±0.003m 或 4.787m±0.003m,表示读数无错误。否则,应立即重测。

因木质水准尺易变形,使用时间长易朽坏,故现在多改用铝合金尺,既轻便又耐用。

2. 尺垫

尺垫用生铁制成。水准测量时,在立尺点放置尺垫,用脚踩使铁脚嵌入土内,使尺垫紧贴地面,水准尺则竖直立于尺垫中心半圆球顶部,如图 5-3 所示。以防施测时尺底下沉,使读尺数产生误差。

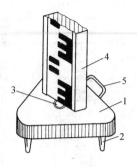

图 5-3 尺垫
1—尺垫;2—铁脚;3—半圆球;4—水准尺;5—提手

三、微倾式水准仪

水准仪的作用是提供一条水平视线,能照准离水准仪一定距离处的水准尺并读取尺上的读数。通过调整水准仪,使管内水准气泡居中获得水平视线的水准仪,称为微倾式水准仪;通过补偿器获得水平视线读数的水准仪,称为自动安平水准仪。本节主要介绍微倾式水准仪的结构。

国产微倾式水准仪的型号有 DS05、DS1、DS3、DS10,其中字母 D、S 分别为"大地测量"和"水准仪"汉语拼音的第一个字母,字母后的数字表示以毫米为单位的、仪器每千米往返测高差中数的中误差。DS05、DS1、DS3、DS10 水准仪每千米往返测高差中数的中误差,分别为 $\pm 0.5mm$、$\pm 1mm$、$\pm 3mm$、$\pm 10mm$。

通常称 DS05、DS1 为精密水准仪,主要用于国家一、二等水准测量和精密工程测量;称 DS3、DS10 为普通水准仪,主要用于国家三、四等水准测量和常规工程建设测量。工程建设中,使用最多的是 DS3 普通水准仪,如图 5-4 所示。

1. 微倾式水准仪的组成

水准仪主要由望远镜、水准器和基座组成。

(1)望远镜。望远镜用来照准远处竖立的水准尺并读取水准尺上的读数,要求望远镜能看清水准尺上的分划和注记并有读数标志。根据在目镜端观察到的物体成像情况,望远镜可分为正像望远镜和倒像

第五章 水准测量

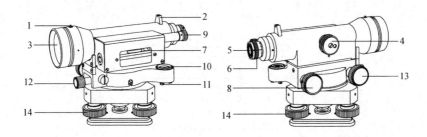

图 5-4 DS3 微倾式水准仪

1—准星；2—照门；3—物镜；4—物镜调焦螺旋；5—目镜；6—目镜调焦螺旋；7—管水准器；
8—微倾螺旋；9—管水准气泡观察窗；10—圆水准器；11—圆水准器校正螺钉；
12—水平制动螺旋；13—水平微动螺旋；14—脚螺旋

望远镜。图 5-5 为倒像望远镜的结构图，它由物镜、调焦透镜、十字丝分划板和目镜组成。

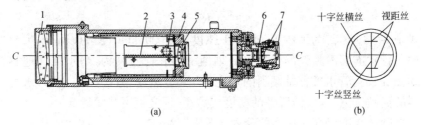

图 5-5 望远镜的结构

1—物镜；2—齿条；3—调焦齿轮；4—调焦镜座；5—物镜调焦螺旋；
6—十字丝分划板；7—目镜组

(2) 水准器。水准器用于置平仪器，有管水准器和圆水准器两种。

1) 管水准器。管水准器由玻璃圆管制成，其内壁磨成一定半径 R 的圆弧，如图 5-6 所示。将管内注满酒精或乙醚，加热封闭冷却后，管内形成的空隙部分充满了液体的蒸气，称为水准气泡。因为蒸气的相对密度小于液体，所以，水准气泡总是位于内圆弧的最高点。

管水准器内圆弧中点 O 称为管水准器的零点，过零点作内圆弧的切线 LL 称为管水准器轴。当管水准器气泡居中时，管水准器轴 LL 处于水平位置。

在管水准器的外表面，对称于零点的左右两侧，刻画有 2mm 间隔

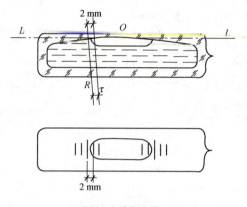

图 5-6 管水准器

的分划线。定义 2mm 弧长所对的圆心角为管水准器的分划值。

$$\tau = \frac{2}{R}\rho \tag{5-4}$$

式中 $\rho = 206265''$ 为弧秒值,也即 1 弧度等于 $206265''$,R 为以 mm 为单位的管水准器内圆弧的半径。分划值 τ 的几何意义为:当水准气泡移动 2mm 时,管水准器轴倾斜的角度为 τ。显然,R 愈大,τ 愈小,管水准器的灵敏度愈高,仪器置平的精度也愈高,反之置平精度就低。

DS3 水准仪管水准器的分划值为 $20''/2\text{mm}$。

管水准器一般装在圆柱形、上面开有窗口的金属管内,用石膏固定。如图 5-7 所示,一端用球形支点 A,另一端用四个校正螺钉将金属管连接在仪器上。用校正针拨动校正螺钉,可以使管水准器相对于支点 A 做升降或左右移动,从而校正管水准器轴平行于望远镜的视准轴。

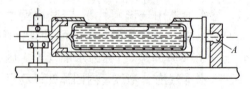

图 5-7 管水准器的安装

2)圆水准器。

圆水准器由玻璃圆柱管制成,其顶面内壁为磨成一定半径 R 的球面,中央刻有小圆圈,其圆心 O 为圆水准器的零点,过零点 O 的球面法线为圆水准器轴,如图 5-8 所示。当圆水准气泡居中时,圆水准器轴处于竖直位置;当气泡不居中,气泡偏移零点 2mm 时,轴线所倾斜的角度值,称为圆水准器的分划值 τ。τ 一般为 $8'\sim10'$。圆水准器的 τ 大于管水准器的 τ,它通常用于粗略整平仪器。

制造水准仪时,使圆水准器轴平行于仪器竖轴。旋转基座上的三个脚螺旋使圆水准气泡居中时,圆水准器轴处于竖直位置,从而使仪器竖轴也处于竖直位置。

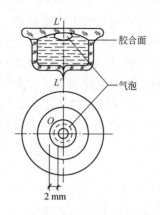

图 5-8 圆水准器

(3)基座。基座的作用是支承仪器的上部,用中心螺旋将基座连接到三脚架上。基座由轴座、脚螺旋、底板和三角压板构成。

2. 微倾式水准仪的检验和校正

(1)水准仪应满足的条件。根据水准测量原理,水准仪必须提供一条水平视线,才能正确地测出两点间的高差。为此,水准仪应满足的条件是:

1)圆水准器轴 $L'L'$ 应平行于仪器的竖轴 VV。

2)十字丝的中丝(横丝)应垂直于仪器的竖轴。

3)如图 5-9 所示,水准管轴 LL 应平行于视准轴 CC。

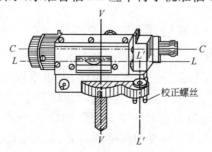

图 5-9 微倾式水准仪

(2)检验与校正。上述水准仪应满足的各项条件,在仪器出厂时已经过检验与校正而得到满足,但由于仪器在长期使用和运输过程中受到振动和碰撞等影响,各轴线之间的关系发生变化,若不及时检验校正,将会影响测量成果的质量。所以,在水准测量之前,应对水准仪进行认真的检验和校正。检校的内容有以下三项。

1) 圆水准器轴平行于仪器竖轴的检验与校正。

①检验。如图 5-10(a)所示,用脚螺旋使圆水准器气泡居中,此时圆水准器轴 $L'L'$ 处于竖直位置。如果仪器竖轴 VV 与 $L'L'$ 不平行,且交角为 α,那么竖轴 VV 与竖直位置偏差 α 角。将仪器绕竖轴旋转 $180°$,如图 5-10(b)所示,圆水准器转到竖轴的左面,$L'L'$ 不但不竖直,而且与竖直线 ll 的交角为 2α,显然气泡不再居中,而离开零点的弧长所对的圆心角为 2α。这说明圆水准器轴 $L'L'$ 不平行竖轴 VV,需要校正。

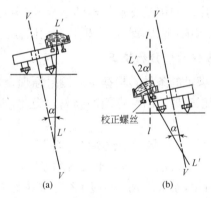

图 5-10 水准仪检验

②校正。如图 5-11(b)所示,通过检验证明了 $L'L'$ 不平行于 VV。则应调整圆水准器下面的三个校正螺丝,圆水准器校正结构如图 5-11 所示,校正前应先稍松中间的固紧螺丝,然后调整三个校正螺丝,使气泡向居中位置移动偏离量的一半,如图 5-12(a)所示。这时,圆水准器轴 $L'L'$ 与 VV 平行。然后再用脚螺旋整平,使圆水准器气泡居中,竖轴 VV 则处于竖直状态,如图 5-12(b)所示。校正工作一般都难以一次完成,需反复进行直至仪器旋转到任何位置圆水准器气泡皆居中时为止。最后应注意拧紧固紧螺丝。

第五章 水准测量 · 101 ·

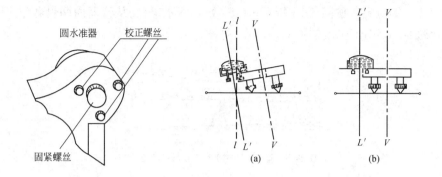

图 5-11 圆水准器校正结构　　图 5-12 水准器校正

2)十字丝横丝垂直于仪器竖轴的检验与校正。

①检验。安置仪器后,先将横丝一端对准一个明显的点状目标 M,如图 5-13(a)所示。然后固定制动螺旋,转动微动螺旋,如果标志点 M 不离开横丝,如图 5-13(b)所示,则说明横丝垂直竖轴,不需要校正。否则,如图 5-13(c)、(d)所示,则需要校正。

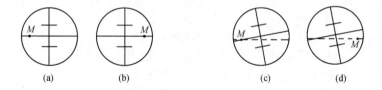

图 5-13 十字丝横丝的检验与校正

②校正。校正方法因十字丝分划板座装置的形式不同而异。对于图 5-14 形式,用螺丝刀松开分划板座固定螺丝,转动分划板座,改正偏离量的一半,即满足条件。也有卸下目镜处的外罩,用螺丝刀松开分划板座的固定螺丝,拨正分划板座的。

3)视准轴平行于水准管轴的检验校正。

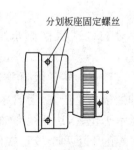

图 5-14 分划板座固定螺丝

①检验。如图 5-15 所示,在 S_1 处安置水准仪,从仪器向两侧各量约 40m,定出等距离的 A、B 两点,打木桩或放置尺垫标志。

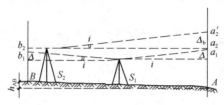

图 5-15 管水准器轴平行于视准轴的检验

a. 在 S_1 处用变动仪高(或双面尺)法,测出 A、B 两点的高差。若两次测得的高差的误差不超过 3mm,则取其平均值 h_{AB} 作为最后结果。由于距离相等,两轴不平行导致的误差 Δh 可在高差计算中自动消除,故 h 值不受视准轴误差的影响。

b. 安置仪器于 B 点附近的 S_2 处,离 B 点约 3m,精平后读得 B 点水准尺上的读数为 b_2,因仪器离 B 点很近,两轴不平行引起的读数误差可忽略不计。故根据 b_2 和 A、B 两点的正确高差 h_{AB} 算出 A 点尺上应有读数为

$$a_2 = b_2 + h_{AB} \tag{5-5}$$

然后,瞄准 A 点水准尺,读出水平视线读数 a'_2,如果 a'_2 与 a_2 相等,则说明两轴平行。否则存在 i 角,其值为

$$i = \frac{\Delta h}{D_{AB}} \cdot \rho \tag{5-6}$$

式中 $\Delta h = a'_2 - a_2$;$\rho = 206265''$。

对于 DS3 级微倾水准仪,i 值不得大于 $20''$,如果超限,则需要校正。

②校正。转动微倾螺旋使中丝对准 A 点尺上正确读数 a_2,此时视准轴处于水平位置,但管水准气泡必然偏离中心。为了使水准管轴也处于水平位置,达到视准轴平行于水准管轴的目的,可用拨针拨动水准管一端的上下两个校正螺丝(图 5-16),使气泡的两个半像重合。在松紧上、下两个校正螺丝前,应稍旋松左右两个螺丝,校正完毕再旋紧。这项检验校正要反复进行,直至 i 角小于 $20''$ 为止。

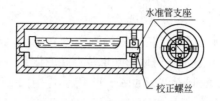

图 5-16 微倾螺丝校正

四、精密水准仪

1. 精密水准仪的基本性能

精密水准仪和一般微倾式水准仪的构造基本相同。但与一般水准仪相比有制造精密、望远镜放大倍率高、水准器分划值小、最小读数准确等特点。因此,它能提供精确水平视线、准确照准目标和精确读数,是一种高级水准仪。测量时它和精密水准尺配合使用,可取得高精度测量成果。精密水准仪主要用于国家一、二等水准测量和高等级工程测量,如大型建(构)筑物施工、大型设备安装、建筑物沉降观测等测量。

普通水准仪(DS3型)的水准管分划值为 $20''/2mm$,望远镜放大倍率不大于 30 倍,水准尺读数可估读到毫米。进行普通水准测量,每千米往返测高差偶然中误差不大于 $\pm 3mm$。精密水准仪(DS05 或 DS1 型)水准管有较高的灵敏度,分划值为 $8''\sim 10''/2mm$,望远镜放大倍率不小于 40 倍,照准精度高、亮度大,装有光学测微系统,并配有特制的精密水准尺,可直读 $0.05\sim 0.1mm$,每千米往返测高差偶然中误差不大于 $0.5\sim 1.0mm$。国产精密水准仪技术参数见表 5-1。

表 5-1 国产精密水准仪的技术参数

技术参数项目	水准仪型号	
	DS 05	DS1
每千米往返测平均高差中误差/mm	±0.5	±1
望远镜放大倍率	≥40	≥40
望远镜有效孔径/mm	≥60	≥50
水准管分划值	$10''/2mm$	$10''/2mm$
测微器有效移动范围/mm	5	5
测微器最小分划值/mm	0.05	0.05

2. 光学测微器

光学读数测微器通过扩大了的测微分划尺,可以精读出小于分划值的尾数,改善普通水准仪估读毫米位存在的误差,提高了测量精度。

精密水准仪的测微装置如图 5-17 所示,它由平行玻璃板、测微分划尺、传动杆和测微轮系统组成,读数指标线刻在一个固定的棱镜上。测微分划尺刻有 100 个分格,它与水准尺的 10mm 相对应,即水准尺影像每移动 1mm,测微尺则移动 10 个分格,每个分格为 0.1mm,可估读至 0.01mm。

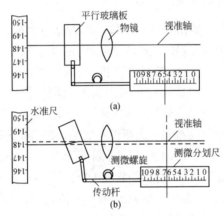

图 5-17 测微读数装置

测微装置工作原理是:平行玻璃板装在物镜前,通过传动齿条与测微尺连接,齿条由测微轮控制,转动测微轮,齿条前后移,带动玻璃板绕其轴向前后倾斜,测微尺也随之移动。

当平行玻璃板竖直时(与视准轴垂直)[图 5-17(a)],水平视线不产生平移,测微尺上的读数为 5.00mm;当平行玻璃板向前后倾斜时,根据光的折射原理,视线则上下平移,如图 5-17(b)所示,测微尺有效移动范围为上下各 5mm(50 个分格)。如测微尺移到 10mm 处,则视线向下平移 5mm;若测微尺移到 0mm 处,则视线向上平移 5mm。

需说明的是,测微尺上的 10mm 注字,实际真值是 5mm,也就是注记数字比真值大 1 倍,这样就和精密水准尺的注字相一致(精密水准尺的注字比实际长度大 1 倍),以便于读数和计算。

如图 5-17 所示,当平行玻璃板竖直时,水准尺上的读数在 1.48~1.49 之间,此时测微尺上的读数是 5mm,而不是 0,旋转测微轮,则平行玻璃板向前倾斜,视线向下平移,与就近的 1.48m 分划线重合,此时测微尺的读数为 6.54mm,视线平移量为 6.54~5.00mm,最后读数为 1.48m+6.54mm-5.00mm=1.48654m-5.00mm。

在上式中,每次读数都应减去一个常数值5mm,但在水准测量计算高差时,因前后视读数都含这个常数,会互相抵消。所以,在读数、记录和计算过程中都不考虑这个常数。但在进行单向测量读数时,就必须减去这个常数。

3. 精密水准尺的构造

图 5-18 为与 DS1 型精密水准仪配套使用的精密水准尺。该尺全长 3m,注字长 6m,在木质尺身中间的槽内装有膨胀系数极小的因瓦合金带,故称因瓦尺。带的下端固定,上端用弹簧拉紧,以保证带的平直并且不受尺身长度变化的影响。因瓦合金带分左右两排分划,每排最小分划均为 10mm,彼此错开 5mm,把两排的分划合在一起使用,便成为左右交替形式的分划,其分划值为 5mm。合金带右边从 0~5 注记米数,左边注记分米数,大三角形标志对准分米分划,小三角形标志对准 5cm 分划,注记的数字为实际长度的 2 倍,即水准尺的实际长度等于尺面读数的 1/2,所以用此水准尺进行测量作业时,须将观测高差除以 2,才是实际高差。

图 5-18 精密水准尺

4. 精密水准仪的读数方法

精密水准仪与一般微倾水准仪构造原理基本相同。因此使用方法也基本相同,只是精密水准仪装有光学测微读数系统,所测量的对象要求精度高,操作要更加准确。图 5-19 是 DS1 型精密水准仪目镜视场影像,读数程序是:

(1)望远镜水准管气泡调到精平,提供高精度的水平视线,调整物镜、目镜,精确照准尺面。

(2)转动测微轮,使十字丝的楔形丝精确夹住尺面整分划线,读取该分划线的读数,图中为1.97m。

(3)再从目镜右下方测微尺读数窗内读取测微尺读数,图中为1.50mm(测微尺每分格为0.1mm,每注字格1mm)。

(4)水准尺全部读数为1.97m+1.50mm=1.97150m。

(5)尺面读数是尺面实际高度的一半,应除以2,即1.97150÷2=0.98575m。

测量作业过程中,可用尺面读数进行运算,在求高差时,再将所得高差值除以2。

如图5-20所示为蔡司NI004水准仪目镜视场影像,下面是水准管气泡影像,并刻有读数,测微尺刻在测微鼓上,随测微轮转动。该尺刻有100个分格,最小分划值为0.1mm(尺面注字比实长大1倍,所以最小分划实为0.05mm)。

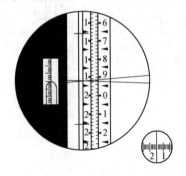

图5-19 DS1型水准仪目镜视场

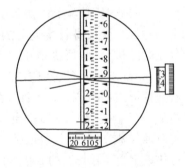

图5-20 蔡司NI004水准仪目镜视场

当楔形丝夹住尺面1.92m分划时,测微尺上的读数为34.0(即3.40m),尺面全部读数为1.92m+3.40mm=1.92340m,实际尺面高度为1.92340÷2=0.96170m。

5. 精密水准仪使用要点

(1)水准仪、水准尺要定期检校,以减少仪器本身存在的误差。

(2)仪器安置位置应符合所测工程对象的精度要求,如视线长度、前后视距差、累计视距差和仪器高都应符合观测等级精度的要求,以减少与距离有关的误差影响。

(3)选择适于观测的外界条件,要考虑强光、光折射、逆光、风力、地表蒸气、雨天和温度等外界因素的影响,以减少观测误差。

(4)仪器应安稳精平,水准尺应利用水准管气泡保持竖直,立尺点(尺垫、观测站点、沉降观测点)要有良好的稳定性,防止点位变化。

(5)观测过程要仔细认真,粗枝大叶是测不出精确成果的。

(6)熟练掌握所用仪器的性能、构造和使用方法,了解水准尺尺面分划特点和注字顺序,情况不明时不要作业,以防造成差错。

五、自动安平水准仪

1. 自动安平水准仪的基本性能

微倾式水准仪安平过程中,利用圆水准器盒只能使仪器达到初平,每次观测目标读取读数前,必须利用微倾螺旋将水准管气泡调到居中,使视线达到精平。这种操作程序既麻烦又影响工效,有时会因忘记调微倾螺旋造成读数误差。自动安平水准仪在结构上取消了水准管和微倾螺旋,而在望远镜光路系统中安置了一个补偿装置(图 5-21),当圆水准器调平后,视线虽仍倾斜一个 α 角,但通过物镜光心的水平视线经补偿器折射后,仍能通过十字丝交点,这样十字丝交点上读到的仍是视线水平时应该得到的读数。自动安平水准仪的主要优点就是视线能自动调平,操作简便;若仪器安置不稳或有微小变动时,能自动迅速调平,可以提高测量精度。

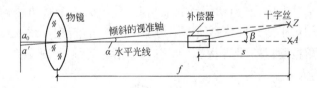

图 5-21 补偿器折光示意

2. 水准仪的光路系统

图 5-22 是 DSZ3 型自动安平水准仪的光路示意图。

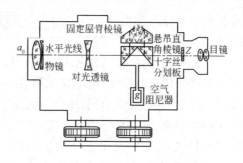

图 5-22 DSZ3 自动安平水准仪的光路系统

该仪器在对光透镜和十字丝分划板之间安装一个补偿器。这个补偿器由两个直角棱镜和一个屋脊棱镜组成,两个直角棱镜用交叉的金属片吊挂在望远镜上,能自由摆动,在物体重力 G 作用下,始终保持铅直状态。

如图 5-22 所示,该仪器处于水平状态,视准轴水平时水准尺上读数为 a_0。光线沿水平视线进入物镜后经过第一个直角棱镜反射到屋脊棱镜,在屋脊棱镜内作三次反射后到达另一个直角棱镜,又被反射一次最后通过十字丝交点,读得视线水平时的读数 a_0。

3. 仪器自动调平原理

当望远镜视线倾斜微小 α 角时(图 5-23),如果补偿器不起作用,两个直角棱镜和屋脊棱角都随望远镜一起倾斜一个 α 角(如图中虚线所示),则通过物镜光心的水平视线经棱镜几次反射后,并不通过十字丝交点 Z,而是通过 A。此时十字丝交点上的读数不是水平视线的读数 a_0,而是 a'。实际上,当视线倾斜 α 角时,悬吊的两个直角棱镜在重力作用下,相对于望远镜屋脊棱镜偏转了一个 α 角,转到实线表示的位置(两个直角棱镜保持铅直状态)。这时,Z 沿着光线(水平视线)在尺上的读数仍为 a_0。

图 5-23 水准仪自动调平示意图

补偿器的构造就是根据光的反射原理,当望远镜视准轴倾斜任意角度(当然很微小)时,水平视线通过补偿器都能恰好通过十字丝交点,读到正确读数,补偿器就这样起到了自动调平的作用。

第二节 水准测量及校核方法

一、水准测量方法

1. 水准点

为统一全国的高程系统和满足各种测量的需要,国家各级测绘部门在全国各地埋设并测定了很多高程点,这些点称为水准点(benchmark,通常缩写为 BM)。在一、二、三、四等水准测量中,称一、二等水准测量为精密水准测量,三、四等水准测量为普通水准测量,采用某等级的水准测量方法测出其高程的水准点称为该等级水准点。各等水准点均应埋设永久性标石或标志,水准点的等级应注记在水准点标石或标志面上。

在已知高程的水准点和待定点之间进行水准测量就可以计算出待定点的高程。水准点标石的类型可分为:基岩水准标石、基本水准标石、普通水准标石和墙脚水准标志四种,其中混凝土普通水准标石和墙脚水准标志的埋设要求如图 5-24 所示。水准点在地形图上的表示符号如图 5-25 所示,图中的 2.0 表示符号圆的直径为 2mm。

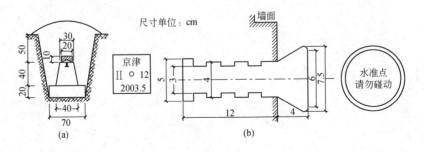

图 5-24 水准点
(a)混凝土普通水准标石;(b)墙脚水准标志埋设

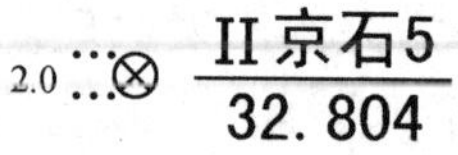

$$2.0 \otimes \frac{\text{II 京石}5}{32.804}$$

图 5-25 水准点在地形图上的表示符号

在大比例尺地形图测绘中,常用图根水准测量来测量图根点的高程,这时的图根点也称图根水准点。

2. 水准路线

水准测量时行进的路线,称为"水准路线"。根据测区具体情况和施测需要,可选用不同的水准路线。

(1)附合水准路线。

起止于两个已知水准点间的水准路线称为"附合水准路线"。

当测区附近有高级水准点时,如图 5-26 所示,可由一高级水准点 BM7 开始,沿待测各高程的水准点进行水准测量,最后附合到另一高级水准点 BM8,以便校核测量结果有无差错,或鉴别测量结果的精度,是否符合要求。

(2)闭合水准路线。

起止于同一已知水准点的封闭水准路线称为"闭合水准路线"。当测区附近只有一个高级水准点时,如图 5-27 所示,可从这一水准点 BM12 出发,沿待测高程的各水准点 1、2、…进行水准测量,最后又回归到起始点 BM12,形成一个闭合的路线。

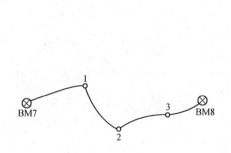

图 5-26 附合水准路线

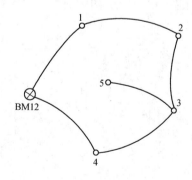

图 5-27 闭合水准路线及支水准路线

3.支水准路线

从一已知水准点出发,终点不附合或不闭合于另一已知水准点的水准路线,称为"支水准路线"。

如图 5-27 所示,从某水准点 3 出发,进行水准测量到点 5,既不附合到另一水准点,也不形成闭合的路线。

4.水准测量方法

(1)水准仪的安置和使用。

安置水准仪前,首先应按观测者的身高调节好三脚架的高度,为便于整平仪器,还应使三脚架的架头面大致水平,并将三脚架的三个脚尖踩入土中,使脚架稳定;从仪器箱内取出水准仪,放在三脚架的架头面上,立即用中心螺旋旋入仪器基座的螺孔内,以防止仪器从三脚架头上摔下来。

用水准仪进行水准测量的操作步骤为粗平→瞄准水准尺→精平→读数,介绍如下。

1)粗平。粗略整平仪器。旋转脚螺旋使圆水准气泡居中,仪器的竖轴大致铅垂,从而使望远镜的视准轴大致水平。旋转脚螺旋方向与圆水准气泡移动方向的规律:用左手旋转脚螺旋时,左手大拇指移动方向即为水准气泡移动方向;用右手旋转脚螺旋时,右手食指移动方向即为水准气泡移动方向(如图 5-28 所示)。初学者一般先练习用一只手操作,熟练后再练习用双手操作。

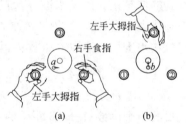

图 5-28　脚螺旋转动方向与圆水准气泡移动方向的规律

2)瞄准水准尺。首先,进行目镜对光,将望远镜对准明亮的背景,旋转目镜调焦螺旋,使十字丝清晰。再松开制动螺旋,转动望远镜,用望远镜上的准星和照门瞄准水准尺,拧紧制动螺旋。从望远镜中观察目标,旋转物镜调焦螺旋,使目标清晰,再旋转微动螺旋,使竖丝对准水准尺,如图 5-29 所示。

3)精平。先从望远镜侧面观察管水准气泡偏离零点的方向,旋转

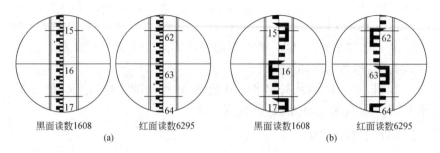

黑面读数1608　　红面读数6295　　　　黑面读数1608　　红面读数6295
　　　(a)　　　　　　　　　　　　　　　　　(b)

图 5-29　水准尺读数示例
(a)0.5cm 分划直尺；(b)1cm 分划直尺

微倾螺旋，使气泡大致居中，再从目镜左边的附合气泡观察窗中查看两个气泡影像是否吻合，如不吻合，再慢慢旋转微倾螺旋直至完全吻合为止。

4)读数。仪器精平后，应立即用十字丝的横丝在水准标尺上读数。对于倒像望远镜，所用水准尺的注记数字是倒写的，此时从望远镜中所看到的像是正立的。水准标尺的注记是从标尺底部向上增加的，而在望远镜中则变成从上向下增加，所以在望远镜中读数应从上往下读。可以从水准尺上读取 4 位数字，其中前面两位为米位和分米位，可从水准尺注记的数字直接读取，后面的厘米位则要数分划数，一个 E 表示 0～5cm，其下面的分划位为 6～9cm，mm 位需要估读。图 5-29(a)为黑面尺的一个读数；完成黑面尺的读数后，将水准标尺纵转 180°，立即读取红面尺的读数，如图 5-29(b)所示，这两个读数之差为 6295－1608＝4687，正好等于该尺红面注记的零点常数，说明读数正确。

(2)水准测量。

水准仪的主要功能就是它能为水准测量提供一条水平视线。水准测量就是利用水准仪所提供的水平视线直接测出地面上两点之间的高差，然后再根据其中一点的已知高程来推算出另一点的高程。

1)高差法。如图 5-30 所示，为了测出 AB 间的高差 h_{AB}，把仪器安置在 AB 两点之间，在 AB 点分别立水准尺，先用望远镜照准已知高程点上的 A 尺，读取尺面读数 a，再照准待测点上 B 尺，读取计数 b，则 B 点对 A 点的高差

$$h_{AB} = a - b \tag{5-7}$$

待测 B 点的高程

$$H_B = H_A + h_{AB} = H_A + (a-b) \tag{5-8}$$

式中　a——已知高程点(起点)上的水准读数,称后视读数;

　　　b——待测高程点(终点)上的水准读数,称前视读数。

"+"号为代数和。用后视读数减去前视读数所得的高差 h_{AB} 有正负之分,当后视读数大于前视读数时[图 5-30(a)],高差为正,说明前视点高于后视点;当后视读数小于前视读数时[图 5-30(b)],高差为负,说明前视点低于后视点。

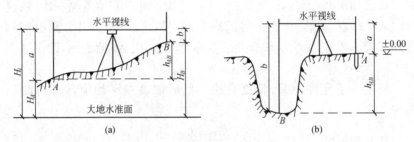

图 5-30　水准测量方法

2)仪高法。用仪器的视线高减去前视读数来计算待测点的高程,称为仪高法。当安置一次仪器而要同时测很多点时,采用这种方法比较方便。从图 5-31 中可以看出,若 A 点高程为已知,则高差法和仪高法的区别在于计算顺序上的不同,其测量原理是相同的。

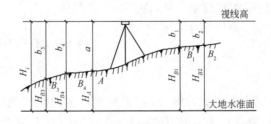

图 5-31　仪高法测高程

$$H_i = H_A + a \tag{5-9}$$

待测点的高程

$$H_B = H_i - b \tag{5-10}$$

地球表面本来是一个曲面,因施工测量范围较小,故可不考虑曲面的影响。另外,仪器安置在两点中间,使前后视距相等,亦可消除地球曲率和大气折光的影响。非等级测量仪器安置的位置和高度可以任意选择,但水准仪的视线必须水平。

二、水准测量校核方法

1. 复测法(单程双线法)

从已知水准点测到待测点后,再从已知水准点开始重测一次,叫复测法或单程双线法。再次测得的高差,符号(+、-)应相同,数值应相等。如果不相等,两次所得高差之差称为较差,用 Δh 测表示,即

$$\Delta h_{测} = h_{初} - h_{复} \tag{5-11}$$

较差小于允许误差,精度合格。然后取高差平均值计算待测点高程。

高差平均值 $\quad h = \dfrac{h_{初} + h_{复}}{2} \tag{5-12}$

高差的符号有"+""-"之分,按其所得符号代入高程计算式。

复测法用在测设已知高程的点时,初测时在木桩侧面画一横线,复测又画一横线,若两次测得的横线不重合(图5-32),两条线间的距离就是较差(误差),若小于允许误差,取两线中间位置作为测量结果。

图 5-32 复测法测设计高程

2. 往返测法

从已知水准点起测到待测点后,再按相反方向测回到原来的已知水准点,称往返测点。两次测得的高差,符号(+、-)应相反,往返高差的代数和应等于零。如不等于零,其差值叫较差。即

$$\Delta h_{测} = h_{往} - h_{返} \tag{5-13}$$

较差小于允许误差,精度合格。取高差平均值计算待测点高程。

高差平均值 $$h=\frac{h_{往}+h_{返}}{2} \tag{5-14}$$

3. 闭合测法

从已知水准点开始,在测量水准路线上测量若干个待测点后,又测回到原来的起点上(图5-33),由于起点与终点的高差为零,所以全线高差的代数和应等于零。如不等于零,其差值叫闭合差。闭合差小于允许误差,叫精度合格。

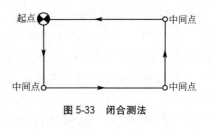

图 5-33　闭合测法

在复测法、往返测法和闭合测法中,都是以一个水准点为起点,如果起点的高程记错、用错或点位发生变动,那么即使高差测得正确,计算也无误,测得的高程还是不正确的。因此,必须注意准确地抄录起点高程并检查点位有无变化。

4. 附合测法

从一个已知水准点开始,测完待测点一个或数个后,继续向前测量,直到在另一个已知水准点上闭合(图5-34)。把测得终点对起点的高差与已知终点对起点的高差相比较,其差值叫闭合差,闭合差小于允许误差,精度合格。

图 5-34　附合测法

三、水准测量误差及消减

水准测量误差包括仪器误差、观测误差和外界环境的影响三个方面。

1. 仪器误差

(1)仪器校正后的残余误差。规范规定,DS3水准仪的i角大于$20''$才需要校正,因此,正常使用情况下,i角将保持在$\pm 20''$以内。i角引起的水准尺读数误差与仪器至标尺的距离成正比,只要观测时注意使前后视距相等,便可消除或减弱 i 角误差的影响。在水准测量的每站观测中,使前后视距完全相等是不容易做到的,因此规范规定,对于四等水准测量,一站的前后视距差应小于等于 5m,任一测站的前后视距累积差应小于等于 10m。

(2)水准尺误差。由于水准尺分划不准确、尺长变化、尺弯曲等原因而引起的水准尺分划误差会影响水准测量的精度,因此须检验水准尺每米间隔平均真长与名义长之差。规范规定,对于区格式木质标尺,不应大于 0.5mm,否则,应在所测高差中进行米真长改正。一对水准尺的零点差,可在一水准测段的观测中安排偶数个测站予以消除。

2. 观测误差

(1)管水准气泡居中误差。水准测量的原理要求视准轴必须水平,视准轴水平是通过居中管水准气泡来实现的。精平仪器时,如果管水准气泡没有精确居中,将造成管水准器轴偏离水平面而产生误差。由于这种误差在前视与后视读数中不相等,所以,高差计算中不能抵消。

DS3 水准仪管水准器的分划值为 $\tau = 20''/2mm$,设视线长为 100m,气泡偏离居中位置 0.5 格时引起的读数误差为:

$$\frac{0.5 \times 20}{206265} \times 100 \times 1000 = 5mm$$

消减这种误差的方法只能是每次读尺前进行精平操作时使管水准气泡严格居中。

(2)读数误差。普通水准测量观测中的毫米位数字是根据十字丝横丝在水准尺厘米分划内的位置进行估读的,在望远镜内看到的横丝宽度相对于厘米分划格宽度的比例决定了估读的精度。读数误差与望远镜的放大倍数和视线长有关。视线愈长,读数误差愈大。因此,规范规定,使用 DS3 水准仪进行四等水准测量时,视线长应小于等于 80m。

(3)水准尺倾斜。读数时,水准尺必须竖直。如果水准尺前后倾斜,在水准仪望远镜的视场中不会察觉,但由此引起的水准尺读数总是偏大,且视线高度愈大,误差就愈大。在水准尺上安装圆水准器是保证尺子竖直的主要措施。

(4)视差。视差是指在望远镜中,水准尺的像没有准确地生成在十字丝分划板上,造成眼睛的观察位置不同时,读出的标尺读数也不同,由此产生读数误差。

3. 外界环境的影响

(1)仪器下沉和尺垫下沉：仪器或水准尺安置在软土或植被上时，容易产生下沉。采用"后一前一前一后"的观测顺序可以削弱仪器下沉的影响，采用往返观测，取观测高差的中数可以削弱尺垫下沉的影响。

(2)大气折光影响：晴天在日光的照射下，地面温度较高，靠近地面的空气温度也较高，其密度较上层为小。水准仪的水平视线离地面越近，光线的折射也就越大。规范规定，三、四等水准测量时应保证上、中、下三丝能读数，二等水准测量则要求下丝读数大于等于 0.3m。

(3)温度影响：当日光直接照射水准仪时，仪器各构件受热不匀引起仪器的不规则膨胀，从而影响仪器轴线间的正常关系，使观测产生误差。观测时应注意撑伞遮阳。

第三节　施测中操作要领及注意事项

正确掌握操作要领，能防止错误，减少误差，提高测量精度。

一、施测过程中的注意事项

(1)施测前，所用仪器和水准尺等器具必须经过检校。

(2)前后视距应尽量相等，以消除仪器误差和其他自然条件因素(地球曲率、大气折光等)的影响。从图 5-35(a)中可以看出，如果把仪器安置在两测点中间，即使仪器有误差(水准管轴不平行视准轴)，但前后视读数中都含有同样大小的误差，用后视读数减去前视读数所得的高差，误差即抵消。如果前后视距不相等，如图 5-35(b)所示，因前后视读数中所含误差不相等，计算出的高差仍含有误差。

(3)仪器要安稳，要选择比较坚实的地方，三脚架要踩牢。

(4)读数时水准管气泡要居中，读数后应检查气泡是否仍居中。在强阳光照射下，要撑伞遮住阳光，防止气泡不稳定。

(5)水准尺要立直，防止尺身倾斜造成读数偏大。如 3m 长塔尺上端倾斜 30cm，读数中每 1m 将增大 5mm。要经常检查和清理尺底泥土。水准尺要立在坚硬的点位上(加尺垫、钉木桩)。作为转点，前后视

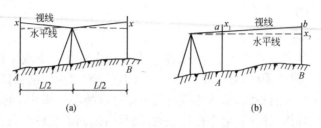

图 5-35 仪器安置位置对高差的影响
(a)$(a-x)-(b-x)=a-b$；(b)$(a-x_1)-(b-x_2)\neq a-b$

读数尺子必须立在同一标高点上。塔尺上节容易下滑，使用上尺时要检查卡簧位置，防止造成尺差错误。

(6)物镜、目镜要仔细对光，以消除视差。

(7)视距不宜过长，因为视距越长读数误差越大。在春季或夏季雨后阳光下观测时，由于地表蒸气流的影响，也会引起读数误差。

(8)了解尺的刻划特点，注意倒像的读数规律，读数要准确。

(9)认真做好记录，按规定的格式填写，字迹整洁、清楚。禁止潦草记录，以免发生误解或造成错误。

(10)测量成果必须经过校核，才能认为准确可靠。

(11)要想提高测量精度，最好的方法是多观测几次，最后取算术平均值作为测量成果。因为经多次观测，其平均值较接近这个量的真值。

二、望远镜读尺要领

从望远镜中读尺，是学习测量的一个难点，易出差错、速度又慢，初学者只有多做练习才能减少差错和加快速度，图 5-36 和表 5-2 所列几种情况，为读尺时易犯的错误，初学者应多加注意。

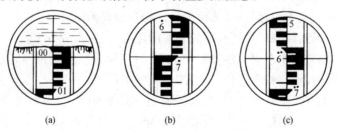

图 5-36 从望远镜中读尺易犯的几种错误

表 5-2　　　　　　　　几种读尺易犯的错误情况

图　　号	图 5-36(a)	图 5-36(b)	图 5-36(c)
正确读数/m	0.025	1.702	2.625
错误读数/m	0.25	1.720	2.775
错误原因	将厘米、毫米误读成分米、厘米	将毫米误读成厘米	从下方往上读尺

读尺时应注意的事项：

1) DS3 型微倾式水准仪望远镜成像是倒像，尺底的像在上方，故读尺时应从上往下读数，特别注意分清尺读数是 6 还是 9。

2) 尺面刻画最小划分到厘米，毫米数需估读。

3) 特别注意勿将毫米误读成厘米；将厘米误读成分米。

初学者要多做读尺练习，可将尺倒立，用手指尺面任一点，先做到能正确读出该点的尺读数，逐步做到迅速、准确地读尺。进一步练习用望远镜读尺，做到能将十字丝横丝指示的尺读数迅速、准确地读出。

三、测量中指挥信号要点

观测过程中，观测员要随时指挥扶尺员调整水准尺的位置，结束时还要通知扶尺员，如采用喊话等形式不仅费力而且容易产生误解。习惯做法是采用手势指挥。

(1) 向上移。如水准尺(或铅笔)需向上移，观测员就向身侧伸出左手，以掌心朝上，做向上摆动之势，需大幅度移动，手即大幅度活动。需小幅度移动，就只用手指活动即可，扶尺员根据观测员的手势朝向和幅度大小来移动水准尺。当视线正确照准应读读数时，手势停住。需注意的是望远镜中看到的是倒像，指挥时不要弄错方向。

(2) 向下移。如果水准尺需向下移，观测员同样伸出左手，但掌心朝下摆动，做法同前。

(3) 向右移。如水准尺没有立直，上端需向右摆动，观测员就抬高左手过顶，掌心朝里，做向右摆动之势。

(4) 向左移。如水准尺上端需向左摆动，观测员就抬高右手过顶，掌心朝里，做向左摆动之势。

(5)观测结束。观测员准确地读数,做好记录,认为没有疑点后,用手势通知扶尺员结束操作。手势形式是观测员举双手由身侧向头顶划圆弧活动。扶尺员只有得到观测员的结束手势后,方能移动水准尺。

第六章　角度测量

第一节　角度测量原理及仪器

一、角度测量原理

1. 水平角测量原理

地面上不同高程点之间的夹角是以其在水平面上投影后水平夹角的大小来表示的。图 6-1 中 A、O、B 是三个位于不同高程的点，为了测出 A、O、B 三点水平角 β 的大小，在角顶 O 点上方任意高度安置经纬仪，使经纬仪的中心（水平度盘中心）与 O 点在一条铅垂线上；先用望远镜照准 A 点（后视称始边），读取后视度盘读数 a；再转动望远镜照准 B 点（前视称终边），读取读数 b；则视线从始边转到终边所转动的角度就是地面上 A、O、B 点所夹的水平角，也就是 $\angle AOB$ 沿 OA、OB 所在的两个竖直面投影到水平面 P 上的 $\angle aob$，其角值为水平度盘的读数差，即

$$\beta = \gamma - \alpha \tag{6-1}$$

式中　α——后视度盘读数；

　　　γ——前视度盘读数。

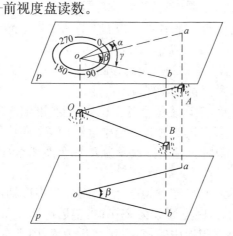

图 6-1　水平角测量原理

测量水平角时,视线仰、俯角度的大小对水平角值无影响。

2. 竖直角测量原理

(1)竖直角的用途。

竖直角主要用于将观测的倾斜距离化算为水平距离或计算三角高程。

1)倾斜距离化算为水平距离。如图 6-2(a)所示,测得 A、B 两点间的斜距 S 及竖直角 α,其水平距离 D 的计算公式为

$$D = S\cos\alpha \tag{6-2}$$

2)三角高程计算。如图 6-2(b)所示,当用水准测量方法测定 A、B 两点间的高差 h_{AB} 有困难时,可以利用图中测得的斜距 S、竖直角 α、仪器高 i、标杆高 v,依式(6-3)计算 h_{AB}。

$$h_{AB} = S\sin\alpha + i - v \tag{6-3}$$

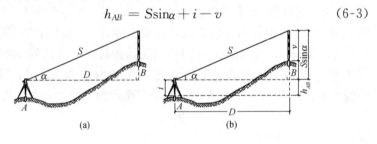

图 6-2 竖直角测量的用途

已知 A 点的高程 H_A 时,B 点高程 H_B 的计算公式为

$$H_B = H_A + h_{AB} = H_A + S\sin\alpha + i - v \tag{6-4}$$

上述测量高程的方法称为三角高程测量。

(2)竖直角的计算及测量原理。

如图 6-3(a)所示,望远镜位于盘左位置,当视准轴水平、竖盘指标管水准气泡居中时,竖盘读数为 $90°$;当望远镜抬高 α 角度照准目标、竖盘指标管水准气泡居中时,竖盘读数设为 L,则盘左观测的竖直角为

$$\alpha_L = 90° - L \tag{6-5}$$

如图 6-3(b)所示,纵转望远镜于盘右位置,当视准轴水平、竖盘指标管水准气泡居中时,竖盘读数为 $270°$;当望远镜抬高 α 角度照准目标、竖盘指标管水准气泡居中时,竖盘读数设为 R,则盘右观测的竖直角为

$$\alpha_R = R - 270° \tag{6-6}$$

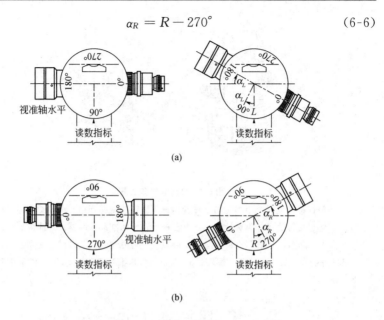

图 6-3 竖直角测量原理
(a)盘左;(b)盘右

二、角度测量仪器

1. 光学经纬仪的构造

光学经纬仪大都采用玻璃度盘和光学测微装置,它有读数精度高、体积小、重量轻、使用方便和封闭性能好等优点。经纬仪的代号为"DJ",意为大地测量经纬仪。按其测量精度分为 DJ2、DJ6、DJ15、DJ60 等型号。数字 2,6,15,60 为经纬仪观测水平角方向时测量某一测回方向中误差不大于的数值,称为经纬仪测量精度,如 DJ6 级经纬仪简称为 6″级经纬仪。

测微器的最小分划值称经纬仪的读数精度,有直读 0.5″、1″、6″、20″、30″等多种。施工测量常用的是 DJ6 级经纬仪,图 6-4 是 DJ6 型经纬仪的外形图。主要由照准部、水平度盘、基座三部分组成,如图 6-5所示。

(1)照准部。

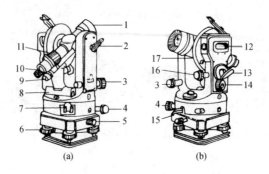

图 6-4　DJ6 经纬仪外形

1—望远镜物镜；2—望远镜制动螺旋；3—望远镜微动螺旋；4—水平微动螺旋；
5—轴座连接螺旋；6—脚螺旋；7—复测器扳手；8—照准部水准器；9—读数显微镜；
10—望远镜目镜；11—物镜对光螺旋；12—竖盘指标水准管；13—反光镜；
14—测微轮；15—水平制动螺旋；16—竖盘指标水准管微动螺旋；17—竖盘外壳

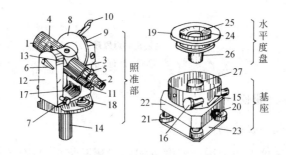

图 6-5　经纬仪组成部件

1—望远镜物镜；2—望远镜目镜；3—望远镜调焦环；4—准星；5—照门；6—望远镜固定扳手；
7—望远镜微动螺旋；8—竖直度盘；9—竖盘指标水准管；10—竖盘水准管反光镜；
11—读数显微镜目镜；12—支架；13—横轴；14—竖直轴；15—照准部制动螺旋；
16—照准部微动螺旋；17—水准管；18—圆水准器；19—水平度盘；20—轴套固定螺旋；
21—脚螺旋；22—基座；23—三角形底板；24—度盘插座；25—度盘轴套；26—外轴；
27—度盘旋转轴套

主要包括望远镜、读数装置、竖直度盘、水准管和竖轴。

1) 望远镜。望远镜的构造和水准仪望远镜构造基本相同，是照准目标用的。不同的是它能绕横轴转动横扫一个竖直面，可以测量不同高度的点。十字丝刻画板如图 6-6 所示，瞄准目标时应将目标夹在两线中间或用单线照准目标中心。

2)测微器。测微器是在度盘上精确地读取读数的设备,度盘读数通过棱镜组的反射,成像在读数窗内,在望远镜旁的读数从显微镜中读出。不同类型的仪器测微器刻划有很大区别,施测前一定要熟练掌握其读数方法,以免工作中出现错误。

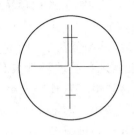

图 6-6　望远镜十字丝刻划板

3)竖轴。照准部旋转轴的几何中心叫仪器竖轴,竖轴与水平度盘中心相重合。

4)水准管。水准管轴与竖轴相垂直,借以将仪器调整水平。

(2)水平度盘。

水平度盘是一个由玻璃制成的环形精密度盘,盘上按顺时针方向刻有从 0°~360°的刻划,用来测量水平角。度盘和照准部的离合关系由装置在照准部上的复测器扳手来控制。度盘绕竖轴旋转。操作程序是:扳上复测器,度盘与照准部脱离,此时转动望远镜,度盘数值变化;扳下复测器,度盘和照准部结合,转动望远镜,度盘数值不变。注意工作中不要弄错。

(3)基座。

基座是支撑照准部的底座。将三脚架头上的连接螺栓拧进基座连接板内,仪器就和三脚架连在一起。连接螺栓上的线坠钩是水平度盘的中心,借助线坠可将水平度盘的中心安置在所测角角顶的铅垂线上。

有的经纬仪装有光学对中器(图6-7),与线坠相比,它有精度高和不受风吹干扰的优点。

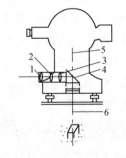

图 6-7　光学对中器光路图
1—目镜;2—刻划板;3—物镜;
4—反光棱镜;5—竖轴轴线;6—光学垂线

仪器旋转轴插在基座内,靠固定螺丝连接。该螺丝切不可松动,以防因照准部与基座脱离而摔坏仪器。

(4)光路系统。

图6-8中,光线由反镜(1)进入,经玻璃窗(2)、照明棱镜(3)转折180°后,再经竖盘(4)后带着竖盘分划线的影像,通过竖盘照准棱镜(5)和显微物镜(6),使竖盘分划线成像在水平度盘(7)分划线的平面上。竖盘和水平度盘分划线的影像经场镜(8)、照准棱镜(9)由底部转折180°向上,通过水平度盘显微物镜(10)、平行玻璃板(11)、转向棱镜(12)和测微尺(13),使水平度盘分划、竖盘度盘分划以及测微尺同时成像在读数窗(14)上,再经转向棱

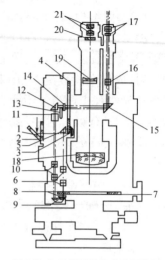

图6-8 DJ6型经纬仪光路示意图

镜(15)转折90°,进入读数显微镜(16),在读数显微镜中读数(17)。平板玻璃与测微尺连在一起,由测微轮操纵绕同一轴转动,由于平板玻璃的转动(光折射),度盘影像也在移动,移动值的大小,即为测微尺上的读数。

有的经纬仪没有复测扳手,而是装置了水平度盘变换手轮来代替扳手,这种仪器转动照准部时,水平度盘不随之转动。如要改变度盘读数,可以转动水平度盘变换手轮。例如,要求望远镜瞄准P点后水平度盘的读数为$0°00'00''$,操作时先转动测微轮,使测微尺读数为$00'00''$,然后瞄准P点,再转动度盘变换手轮,使度盘读数为$0°$,此时瞄准P点后的读数即为$0°00'00''$。

2. 光学经纬仪的读数方法

(1)测微轮式光学经纬仪的读数方法。

图6-9是从读数显微镜内看到的影像,上部是测微尺(水平角和竖直角共用),中间是竖直度盘,下部是水平度盘。度盘从$0°\sim360°$,每度分两格,每格$30'$,测微尺从$0'\sim30'$,每分又分三格,每格$20''$(不足$20''$的小数可估读)。转动测微轮,当测微尺从$0'$移到$30'$时,度盘的像恰好移动一格($30'$)。位于度盘像格内的双线及位于测微尺像格内的单线

均称指标线。望远镜照准目标时,指标双线不一定恰好夹住度盘的某一分划线,读数时应转动测微轮使一条度盘分划线精确地平分指标双线,则该分划线的数值即为读数的整数部分。不足 $30'$ 的小数再从测微尺上指标线所对应位置读出。度盘读数加上测微尺读数即为全部读数。图 6-9(a)是水平度盘读数 $47°30'+17'30''=47°47'30''$。图 6-9(b)是竖盘读数 $108°+06'40''=108°06'40''$。

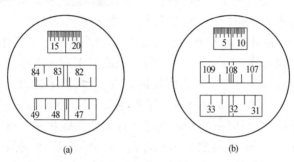

图 6-9 测微轮式读数窗影像

(2)测微尺式光学经纬仪读数方法。

图 6-10 是从读数显微镜内看到的读数影像,上格是水平度盘和测微尺的影像,下格是竖盘和测微尺的影像。水平度盘和竖盘上一度的间隔,经放大后与测微尺的全尺相等。测微尺分 60 等分,最小分划值为 $1'$,小于 $1'$ 的数值可以估读。度盘分划线为指标线。读数时度盘度数可以从居于测微尺范围内的度盘分划线所注字直接读出,然后仔细看准度盘分划线落在尺的哪个小格上,从测微尺的零至度盘分划线间的数值就是读数。图 6-10 中上格水平度盘读数为 $47°53'$,下格竖盘读数为 $81°5'24''$。

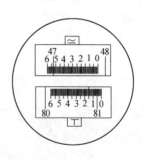

图 6-10 测微尺式读数窗影像

第二节　经纬仪安置及角度测量

一、经纬仪的安置

经纬仪的安置包括对中和整平，其目的是使仪器竖轴位于过测站点的铅垂线上，水平度盘和横轴处于水平位置，竖盘位于铅垂面内。对中的方式有垂球对中和光学对中两种，整平分粗平和精平。

粗平是通过伸缩脚架腿或旋转脚螺旋使圆水准气泡居中，其规律是圆水准气泡向伸高脚架腿的一侧移动，或圆水准气泡移动方向与用左手大拇指或右手食指旋转脚螺旋的方向一致；精平是通过旋转脚螺旋使管水准气泡居中，要求将管水准器轴分别旋至相互垂直的两个方向上使气泡居中，其中一个方向应与任意两个脚螺旋中心连线方向平行。如图 6-11 所示，旋转照准部至图 6-11(a)的位置，旋转脚螺旋 1 或 2 使管水准气泡居中；然后旋转照准部至图 6-11(b)的位置，旋转脚螺旋 3 使管水准气泡居中，最后还要将照准部旋回至图 6-11(a)的位置，查看管水准气泡的偏离情况，如果仍然居中，则精平操作完成，否则还需按前面的步骤再操作一次。

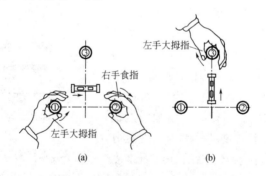

图 6-11　照准部管水准器整平方法

经纬仪安置的操作步骤是打开三脚架腿，调整好其长度使脚架高度适合于观测者的高度，张开三脚架，将其安置在测站上，使架头大致水平。从仪器箱中取出经纬仪放置在三脚架头上，并使仪器基座中心基本对齐三脚架头的中心，旋紧连接螺旋后，即可进行对中整平操作。

使用垂球对中和光学对中器对中的操作步骤是不同的,分别介绍如下。

1. 使用垂球对中法安置经纬仪

将垂球悬挂于连接螺旋中心的挂钩上,调整垂球线长度使垂球尖略高于测站点。

(1)粗对中与粗平:平移三脚架(应注意保持三脚架头面基本水平),使垂球尖大致对准测站点标志,将三脚架的脚尖踩入土中。

(2)精对中:稍微旋松连接螺旋,双手扶住仪器基座,在架头上移动仪器,使垂球尖准确对准测站标志点后,再旋紧连接螺旋。垂球对中的误差应小于3mm。

(3)精平:旋转脚螺旋使圆水准气泡居中,转动照准部,旋转脚螺旋,使管水准气泡在相互垂直的两个方向上居中。旋转脚螺旋精平仪器时,不会破坏前已完成的垂球对中关系。

2. 使用光学对中法安置经纬仪

光学对中器也是一个小望远镜,如图 6-12 所示。它由保护玻璃(1)、反光棱镜(2)、物镜(3)、物镜调焦镜(4)、对中标志分划板(5)和目镜(6)组成。使用光学对中器之前,应先旋转目镜调焦螺旋使对中标志分划板十分清晰,再旋转物镜调焦螺旋(有些仪器是拉伸光学对中器)看清地面的测点标志。

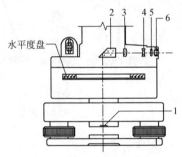

图 6-12 光学对中器光路

(1)粗对中:双手握紧三脚架,眼睛观察光学对中器,移动三脚架使对中标志基本对准测站点的中心(应注意保持三脚架头基本水平),将三脚架的脚尖踩入土中。

(2)精对中:旋转脚螺旋使对中标志准确对准测站点的中心,光学对中的误差应小于1mm。

(3)粗平:伸缩脚架腿,使圆水准气泡居中。

(4)精平:转动照准部,旋转脚螺旋,使管水准气泡在相互垂直的两个方向上居中。精平操作会略微破坏前面已完成的对中关系。

（5）再次精对中：旋松连接螺旋，眼睛观察光学对中器，平移仪器基座（注意，不要有旋转运动），使对中标志准确对准测站点标志，拧紧连接螺旋。旋转照准部，在相互垂直的两个方向检查照准部管水准气泡的居中情况。如果仍然居中，则仪器安置完成，否则应从上述的精平开始重复操作。

光学对中的精度比垂球对中的精度高，在风力较大的情况下，垂球对中的误差将变得很大，这时应使用光学对中法安置仪器。

二、瞄准和读数

测角时的照准标志，一般是竖立于测点的标杆、测钎、用三根竹杆悬吊垂球的线或觇牌，如图 6-13 所示。测量水平角时，以望远镜的十字丝竖丝瞄准照准标志。望远镜瞄准目标的操作步骤如下。

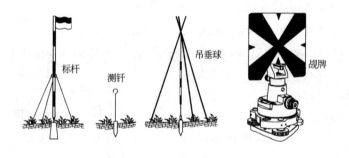

图 6-13　照准标志

1. 目镜对光

松开望远镜制动螺旋和水平制动螺旋，将望远镜对向明亮的背景（如白墙、天空等，注意不要对向太阳），转动目镜使十字丝清晰。

2. 粗瞄目标

用望远镜上的粗瞄器瞄准目标，旋紧制动螺旋，转动物镜调焦螺旋使目标清晰，旋转水平微动螺旋和望远镜微动螺旋，精确瞄准目标。可用十字丝竖丝的单线平分目标，也可用双线夹住目标，如图 6-14 所示。

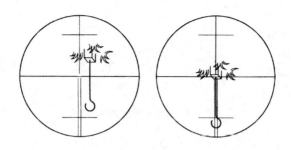

图 6-14 水平角测量瞄准照准标志的方法

3. 读数

读数时先打开度盘照明反光镜,调整反光镜的开度和方向,使读数窗亮度适中,旋转读数显微镜的目镜使刻画线清晰,然后读数。

三、经纬仪的检验与校正

经纬仪在使用之前要经过检验,必要时需对其可调部件加以校正,使之满足要求。经纬仪的检验、校正项目很多,现只介绍几项主要轴线间几何关系的检校,即照准部水准管轴垂直于仪器的竖轴($LL \perp VV$);横轴垂直于视准轴($HH \perp CC$),横轴垂直于竖轴($HH \perp VV$),以及十字丝竖丝垂直于横轴的检校。另外,由于经纬仪要观测竖角,竖盘指标差的检验和校正也在此做一介绍。

1. 照准部水准管轴应垂直于仪器竖轴的检验和校正

(1)检验:将仪器大致整平。转动照准部使水准管平行于一对脚螺旋的连线,调节脚螺旋使水准管气泡居中。转动照准部180°,此时如气泡仍然居中则说明条件满足,如果偏离量超过一格,则应进行校正。

(2)校正:如图 6-15(a)所示,水准管轴水平,但竖轴倾斜,设其与铅垂线的夹角为 α。将照准部旋转 180°,如图 6-15(b)所示,竖轴位置不变,但气泡不再居中,水准管轴与水平面的交角为 2α,通过气泡中心偏离水准管零点的格数表现出来。改正时,先用拨针拨动水准管校正螺丝,使气泡退回偏离量的一半(等于 α),如图 6-15(c)所示,此时几何关系即得满足。再用脚螺旋调节水准管气泡居中,如图 6-15(d)所示,这时水准管轴水平,竖轴竖直。

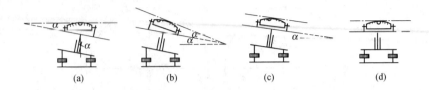

图 6-15 照准部管水准器的检验与校正

此项检验校正需反复进行,直到照准部转至任何位置,气泡中心偏离零点均不超过一格为止。

2.十字丝竖丝应垂直于仪器横轴的检验校正

(1)检验:用十字丝交点精确照准远处一清晰目标点 A。旋紧水平制动螺旋与望远镜制动螺旋,慢慢转动望远镜微动螺旋,如点 A 不离开竖丝,则条件满足[图 6-16(a)],否则需要校正[图 6-16(b)]。

(2)校正:旋下目镜分划板护盖,松开 4 个压环螺丝(图 6-17),慢慢转动十字丝分划板座,然后再做检验,待条件满足后再拧紧压环螺丝,旋上护盖。

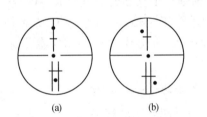

图 6-16 十字丝竖丝的检验与校正

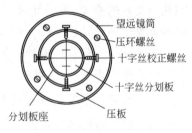

图 6-17 十字丝竖丝的检验与校正

3.视准轴应垂直于横轴的检验和校正

(1)检验:检验 DJ6 级经纬仪,常用四分之一法。选择一平坦场地,如图 6-18 所示。A、B 两点相距 $60\sim100m$,安置仪器于中点 O,在 A 点立一标志,在 B 点横置一根刻有毫米分划的小尺,使尺子与 OB 垂直。标志、小尺应大致与仪器同高。盘左瞄准 A 点,纵转望远镜在 B 点尺上读数 B_1[图 6-18(a)]。盘右再瞄准 A 点,纵转望远镜,又在小尺上读数 B_2[图 6-18(b)]。若 B_1 与 B_2 重合,则条件满足。如不重合,由图可

见，$\angle B_1OB_2 = 4c$，由此算得

$$c = \frac{\overline{B_1B_2}}{4D} \cdot \rho \tag{6-7}$$

式中 D 为 O 点至小尺的水平距离。若 $c > 60''$，则必须校正。

(2)校正：在尺上定出一点 B_3，使 $\overline{B_2B_3} = \frac{1}{4}\overline{B_1B_2}$，$OB_3$ 便和横轴垂直。用拨针拨动图 6-18 中左右两个十字丝校正螺旋，一松一紧，左右移动十字丝分划板，直至十字丝交点与 B_3 影像重合。这项检校也需反复进行。

4.横轴与竖轴垂直的检验和校正

(1)检验：在距一高目标约 50m 处安置仪器，如图 6-19 所示。盘左瞄准高处一点 P，然后将望远镜放平，由十字丝交点在墙上定出一点 P_1。盘右再瞄准 P 点，再放平望远镜，在墙上又定出一点 P_2（P_1、P_2 应在同一水平线上，且与横轴平行），则 i 角可依式(6-8)计算

$$i = \frac{\overline{P_1P_2}}{2} \cdot \frac{\rho}{D}\cot\alpha \tag{6-8}$$

式中　α——P 点的竖直角；

　　　D——仪器至 P 点的水平距离。

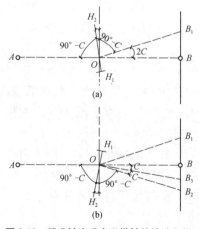

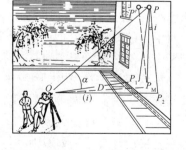

图 6-18　视准轴应垂直于横轴的检验和校正　　图 6-19　视准轴应垂直于横轴的检验和校正
(a)盘左；(b)盘右

这个式子可由图 6-19 得出，推导如下。
$$2(i) = \overline{P_1P_2}/D$$
$$(i) = i\tan\alpha$$
$$i = (i)\cot\alpha = \frac{\overline{P_1P_2}}{2} \cdot \frac{\rho}{D}\cot\alpha \tag{6-9}$$

对 DJ6 级经纬仪，i 角不超过 $20''$ 可不校正。

(2)校正：此项校正应打开支架护盖，调整偏心轴承环。如需校正，一般应交专业维修人员处理。

5. 竖盘指标差的检验和校正

(1)检验：安置仪器，用盘左、盘右两个镜位观测同一目标点，分别使竖盘指标水准管气泡居中，读取竖盘读数 L 和 R，用式(6-9)计算指标差 x。如 x 超出 $\pm 1'$ 的范围，则需改正。

(2)校正：经纬仪位置不动(此时为盘右，且照准目标点)，不含指标差的盘右读数应为 $R-x$。转动竖直度盘指标水准管微动螺旋，使竖盘读数为 $R-x$，这时指标水准管气泡必然不再居中，可用拨针拨动指标水准管校正螺旋使气泡居中。这项检验校正也需反复进行。

6. 光学对中器的检验校正

常用的光学对中器有两种，一种是装在仪器的照准部上，另一种装在仪器的三角基座上。无论哪一种，都要求其视准轴与经纬仪的竖轴重合。

(1)装在照准部上的光学对中器。

1)检验方法。安置经纬仪于三脚架上，将仪器大致整平(不要求严格整平)。在仪器下方地面上放一块画有"十"字的硬纸板。移动纸板，使对中器的刻划圈中心对准"十"字影像，然后转动照准部 180°。如刻划圈中心不对准"十"字中心，则需进行校正。

2)校正方法。找出"十"字中心与刻划圈中心的中点 P。松开两支架间圆形护盖上的两颗螺钉，取下护盖，可见转像棱镜座如图 6-20 所示。调节螺钉 2 可使刻划圈中心前后移动，调节螺钉 1 可使刻划圈中心左右移动。直至刻划圈中心与 P 点重合为止。

(2)三角基座上的光学对中器。

1)检验方法。先校水准器。沿基座的边缘，用铅笔把基座轮廓画在三脚架顶部的平面上。然后在地面放一张坐标纸,从光学对中器视场里标出刻划圈中心在坐标纸上的位置;稍松连接螺旋,转动基座120°后固定。每次需把基座底板放在所画的轮廓线里并整平,分别标出刻划圈中心在坐标纸上的位置,若三点不重合,则找出示误三角形的中心以便改正。

2)校正方法。用拨针或螺丝刀转动光学对中器的调整螺丝,使其刻划圈中心对准示误三角形中心点。

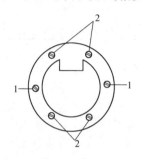

图6-20 光学对中器校正

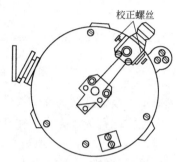

图6-21 光学对中器校正

图6-21为T2经纬仪的光学对中器外观图。用拨针将光学对中器目镜后的三个校正螺丝(图中只见两个,另一个在镜筒下方)都略微松开,根据需要调整,使刻划圈中心与示误三角形中心一致。

第三节 水平角和竖直角测量方法

一、水平角的测量方法

常用水平角观测方法有测回法和方向观测法。

1. 测回法

测回法用于观测两个方向之间的单角。如图6-22所示,要测量BA、BC两方向间的水平角β,在B点安置好经纬仪后,观测$\angle ABC$一测回的操作步骤如下:

(1)盘左(竖盘在望远镜的左边,也称正镜)瞄准目标点A,旋开水平度盘变换锁止螺旋,将水平度盘读数配置在0°左右。检查瞄准情况

图 6-22 测回法观测水平角

后读取水平度盘读数为 $0°06'24''$，计入表 6-1 的相应栏内。

A 点方向称为零方向。由于水平度盘是顺时针注记，因此选取零方向时，一般应使另一个观测方向的水平度盘读数大于零方向的读数。

(2) 旋转照准部，瞄准目标点 C，读取水平度盘读数为 $111°46'18''$，计入表 6-1 的相应栏内。计算正镜观测的角度值为 $111°46'18''-0°06'24''=111°39'54''$，称为上半测回角值。

(3) 竖转望远镜至盘右位置(竖盘在望远镜的右边，也称倒镜)，旋转照准部，瞄准目标点 C，读取水平度盘读数为 $291°46'36''$，计入表 6-1 的相应栏内。

(4) 旋转照准部瞄准目标点 A，读取水平度盘读数为 $180°06'48''$，计入表 6-1 的相应栏内。计算倒镜观测的角度值为 $291°46'36''-180°06'48''=111°39'48''$，称为下半测回角值。

(5) 计算检核：计算出上下半测回角度值之差为 $111°39'54''-111°39'48''=6''$，小于限差值 $±40''$ 时取上下半测回角度值的平均值作为一测回角度值。

测回法半测回较差的容许值，根据图根控制测量的测角中误差为 $±20''$，一般取中误差的两倍作为限差，即为 $±40''$。

当测角精度要求较高时，一般需要观测几个测回。为了减少水平度盘分划误差的影响，各测回间应根据测回数 n，以 $180°/n$ 为增量配置水平度盘。

表 6-1 为观测两测回,第二测回观测时,A 方向的水平度盘应配置为 90°左右。如果第二测回的半测回较差符合要求,则取两测回角值的平均值作为最后结果。

表 6-1　　　　　　　水平角读数观测记录(测回法)

测站	目标	竖盘位置	水平度盘读数 /(° ′ ″)	半测回角值 /(° ′ ″)	一测回平均角值 /(° ′ ″)	各测回平均值 /(° ′ ″)
一测回 B	A	左	0 06 24	111 39 54	111 39 51	111 39 52
	C		111 46 18			
	A	右	180 06 48	111 39 48		
	C		291 46 36			
二测回 B	A	左	90 06 18	111 39 48	111 39 54	
	C		201 46 06			
	A	右	270 06 30	111 40 00		
	C		21 46 30			

2. 方向观测法

当测站上的方向观测数不小于 3 时,一般采用方向观测法。如图 6-23 所示,测站点为 O,观测方向有 A、B、C、D 四个。在 O 点安置仪器,在 A、B、C、D 四个目标中选择一个标志十分清晰的点作为零方向。以 A 点为零方向时的一测回观测操作步骤如下。

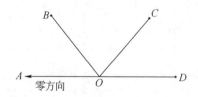

图 6-23　方向观测法观测水平角

(1)上半测回操作:盘左瞄准 A 点的照准标志,将水平度盘读数配置在 0°左右(称 A 点方向为零方向),检查瞄准情况后读取水平度盘读数并记录。松开制动螺旋,顺时针转动照准部,依次瞄准 B、C、D 点的照准标志进行观测,其观测顺序是 $A→B→C→D→A$,最后返回到零方向 AD 的操作称为上半测回归零,两次观测零方向 A 的读数之差称为归零差。规范规定,对于 DJ6 经纬仪,归零差不应大于 $18''$。

(2)下半测回操作:竖转望远镜,盘右瞄准 A 点的照准标志,读数并记录,松开制动螺旋,逆时针转动照准部,依次瞄准 D、C、B、A 点的照准标志进行观测,其观测顺序是 A→D→C→B→A,最后返回到零方向 A 的操作称下半测回归零,至此,一测回观测操作完成。如需观测几个测回,各测回零方向应以 $180°/n$ 为增量配置水平度盘读数。

(3)计算步骤。

1)计算 2C 值(又称两倍照准差)。理论上,相同方向的盘左、盘右观测值应相差 $180°$,如果不是,其偏差值称 2C,计算公式为

$$2C = 盘左读数 - (盘右读数 \pm 180°) \qquad (6-10)$$

式(6-10)中,盘右读数大于 $180°$ 时,取"-"号,盘右读数小于 $180°$ 时,取"+"号,计算结果填入表 6-2 的第 6 栏。

表 6-2 方向观测法观测手簿

测站	测回数	目标	读数 盘左 (° ′ ″)	读数 盘右 (° ′ ″)	2C=左-(右±180°) (″)	平均读数=$\frac{1}{2}$[左+(右±180°)] (° ′ ″)	归零后方向值 (° ′ ″)	各测回归零后方向值的平均值 (° ′ ″)
1	2	3	4	5	6	7	8	9
0	1	A	0 02 06	180 02 00	+6	(0 02 06) 0 02 03	0 00 00	
		B	51 15 42	231 15 30	+12	51 15 36	51 13 30	
		C	131 54 12	311 54 00	+12	131 54 06	131 52 00	
		D	182 02 24	2 02 24	0	182 02 24	182 00 18	
		A	0 02 12	180 02 06	+6	0 02 09		
0	2	A	90 03 30	270 03 24	+6	(90 03 30) 90 03 27	0 00 00	0 00 00
		B	141 17 00	321 16 54	+6	141 16 57	51 13 25	51 13 28
		C	221 55 42	41 55 30	+12	221 55 36	131 52 04	131 52 02
		D	272 04 00	92 03 54	+6	272 03 57	182 00 25	182 00 22
		A	90 03 36	270 03 36	0	90 03 36		

2)计算方向观测的平均值。计算式为

$$\text{平均读数} = \frac{1}{2}[\text{盘左读数} + (\text{盘右读数} \pm 180°)] \quad (6-11)$$

使用式(6-11)计算时,最后的平均读数为换算到盘左读数的平均值,也即盘右读数通过加或减 180°后,应基本等于盘左读数,计算结果填入第 7 栏。

3)计算归零后的方向观测值。先计算零方向两个方向值的平均值(见表 6-2 中括号内的数值),再将各方向值的平均值均减去括号内的零方向值的平均值,计算结果填入第 8 栏。

4)计算各测回归零后方向值的平均值。取各测回同一方向归零后方向值的平均值,计算结果填入第 9 栏。

5)计算各目标间的水平夹角。根据第 9 栏的各测回归零后方向值的平均值,可以计算出任意两个方向之间的水平夹角。

3. 方向观测法的限差

方向观测法的限差应符合表 6-3 的规定。

表 6-3　　　　　　　方向观测法的各项限差

经纬仪型号	半测回归零差	一测回内 2C 互差	同一方向值各测回较差
DJ2	12″	18″	9″
DJ6	18″	—	24″

当照准点的垂直角超过±3°时,该方向的 2C 较差可按同一观测时间段内的相邻测回进行比较,其差值仍按表 6-3 的规定。按此方法比较应在手簿中注明。

在表 6-3 的计算中,两个测回的归零差分别为 6″ 和 12″,小于限差要求的 18″;B、C、D 三个方向值两测回较差分别为 5″、4″、7″,小于限差要求的 24″。观测结果满足规范的要求。

4. 水平角观测的注意事项

(1)仪器高度应与观测者的身高相适应;三脚架要踩实,仪器与脚架连接应牢固,操作仪器时不要用手扶三脚架;转动照准部和望远镜之前,应先松开制动螺旋,操作各螺旋时,用力要轻。

(2)精确对中,特别是对短边测角,对中要求应更严格。

(3)当观测目标间高低相差较大时,更应注意整平仪器。

(4)照准标志要竖直,尽可能用十字丝交点瞄准标杆或测钎底部。

(5)记录要清楚,应当场计算,发现错误,立即重测。

(6)一测回水平角观测过程中,不得再调整照准部管水准气泡,如气泡偏离中央超过2格时,应重新整平与对中仪器,重新观测。

二、竖直角的测量方法

竖直角观测应用横丝瞄准目标的特定位置,例如标杆的顶部或标尺上的某一位置。竖直角观测的操作步骤如下:

(1)在测站点上安置经纬仪,用小钢尺量出仪器高 i。仪器高是测站点标志顶部到经纬仪横轴中心的垂直距离。

(2)盘左瞄准目标,使十字丝横丝切于目标某一位置,旋转竖盘指标管水准器微动螺旋使竖盘指标管水准气泡居中,读取竖盘读数 L。

(3)盘右瞄准目标,使十字丝横丝切于目标同一位置,旋转竖盘指标管水准器微动螺旋使竖盘指标管水准气泡居中,读取竖盘读数 R。竖直角的记录见表6-4。

表 6-4   竖直角观测手簿

测站	目标	竖盘位置	竖盘读/(°′″)	半测回竖直角/(°′″)	指标差/(″)	一测回竖直角/(°′″)
A	B	左	81 18 42	+8 41 18	+6	+8 41 24
		右	278 41 30	+8 41 30		
	C	左	124 03 30	−34 03 30	+12	−34 03 18
		右	235 56 54	−34 03 06		

三、角度测量操作要领及注意事项

1. 误差产生原因及注意事项

(1)采用正倒镜法,取其平均值,以消除或减小误差对测角的影响。

(2)对中要准确,偏差不要超过2~3mm,后视边应选在长边,前视边越长,对投点误差越大,而对测量角的精度越高。

(3)三脚架头要支平,采用线坠对中时,架头每倾斜6mm,垂球线约偏离度盘中心 1mm。

(4)目标要照准。物镜、目镜要仔细对光,以消除视差。要用十字线交点照准目标。投点时铅笔要与竖丝平行,以十字线交点照准铅笔尖。测点立花杆时,要照准花杆底部。

(5)仪器要安稳,观测过程不能碰动三脚架,强光下要撑伞,观测过程要随时检查水准管气泡是否居中。

(6)操作顺序要正确。使用有复测器的仪器,照准后视目标读数后,应先扳上复测器,后放松水平制动,避免度盘随照准部一起转动,造成错误。在瞄准前视目标过程中,复测器扳上再转动水平微动,测微轮式仪器要对齐指标线后再读数。

(7)仪器不平(横轴不水平),望远镜绕横轴旋转扫出的是一个斜面,竖角越大,误差越大。

(8)测量成果要经过复核,记录要规则,字迹要清楚。

2. 指挥信号

水平角测量过程与水准测量过程的指挥方式基本相同。

略有不同的是,在测角、定线、投点过程中,如果目标(铅笔、花杆)需向左移动,观测员要向身侧伸出左手,掌心朝外,做向左摆动之势;若目标需向右移动,观测员要向右伸手,做向右摆动之势。若视距很远要以旗势代替手势。

第七章 建筑施工测量

第一节 施工测量准备工作

一、施工测量准备工作目的及内容

1. 准备工作的主要目的

施工测量准备工作是保证施工测量全过程顺利进行的基础环节。准备工作的主要目的有以下4项：

(1) 了解工程总体情况。包括工程规模、设计意图、现场情况及施工安排等。

(2) 取得正确的测量起始依据。包括设计图纸的校核，测量依据点位的校测，仪器、钢尺的检定与检校。这项是准备工作的核心，取得正确的测量起始依据是做好施工测量的基础。

(3) 制订切实可行又能预控质量的施测方案。根据实际情况与"施工测量规程"要求制订，并向上级报批。

(4) 施工场地布置的测设。按施工场地总平面布置图的要求进行场地平整、施工暂设工程的测设等。

2. 检定与检校仪器、钢尺

(1) 经纬仪。对光学经纬仪与电子经纬仪应按《光学经纬仪检定规程》(JJG 414-2011)与《全站型电子速测仪检定规程》(JJG 100-2003)要求按期送检，此外每季度应进行以下项目的检校：

1) 水准管轴(LL)垂直于竖轴(VV)，误差小于 $\tau/4$ (τ 是水准管分划值)；

2) 视准轴(CC)垂直于横轴(HH)，DJ6、DJ2 仪器 $2c$ (CC 不垂直于 HH 误差的2倍) 应在 $\pm20''$、$\pm16''$ 之内；

3) 横轴(HH)垂直于竖轴(VV)，DJ6、DJ2 仪器 i (HH 不垂直于 VV 的误差) 应在 $\pm20''$、$\pm15''$ 之内；

4) 光学对中器。

(2)水准仪。应按《水准仪检定规程》(JJG 425－2003)要求按期送检,此外每季度应进行以下项目的检校:

1)水准盒轴($L'L'$)平行于竖轴(VV);

2)视准轴不水平的检校,DS3 仪器 i 角误差应在±12″之内。

(3)测距仪与全站仪。应按《光电测距仪检定规程》(JJG 703－2003)与《全站型电子速测仪检定规程》(JJG 100－2003)要求定期送检。

(4)钢尺。应按《钢卷尺检定规程》(JJG 4－2015)要求按期送检。以上仪器与量具必须送授权计量检测单位检定。

3.了解设计意图、学习与校核设计图纸

(1)总平面图的校核。

1)建设用地红线桩点(界址点)坐标与角度、距离是否对应。

2)建筑物定位依据及定位条件是否明确、合理。

3)建(构)筑物群的几何关系是否交圈、合理。

4)各幢建筑物首层室内地面设计高程、室外设计高程及有关坡度是否对应、合理。

(2)建筑施工图的校核。

1)建筑物各轴线的间距、夹角及几何关系是否交圈。

2)建筑物的平、立、剖面及节点大样图的相关尺寸是否对应。

3)各层相对高程与总平面图中有关部分是否对应。

(3)结构施工图的校核。

1)以轴线图为准,核对基础、非标准层及标准层之间的轴线关系是否一致。

2)核对轴线尺寸、层高、结构尺寸(如墙厚、柱断面、梁断面及跨度、楼板厚等)是否合理。

3)对照建筑图,核对两者相关部位的轴线、尺寸、高程是否对应。

(4)设备(暖通空调、给水排水、电气)施工图的校核。

1)对照建筑、结构施工图,核对有关设备的轴线尺寸及高程是否对应。

2)核对设备基础、预留孔洞、预埋件位置、尺寸、高程是否与土建图一致。

4. 校核红线桩(定位桩)与水准点

(1)核算总平面图上红线桩的坐标与其边长、夹角是否对应(即红线桩坐标反算)。

1)根据红线桩的坐标值,计算各红线边的坐标增量;
2)计算红线边长 D 及其方位角 φ;
3)根据各边方位角按式(7-1)计算各红线间的左夹角 β_i:

左夹角(β)——前进方向红线边左侧的夹角

左夹角 $\beta_i =$ 下一边的方位角 $\varphi_{ij} -$ 上一边的方位角 $\varphi_{i-i} \pm 180°$

(7-1)

(2)校测红线桩边长及左夹角:

1)红线桩点数量应不少于 3 个;
2)校测红线桩的允许误差:角度 $\pm 60''$、边长 1/2500、点位相对于邻近控制点的误差为 5cm。

(3)校测水准点:

1)水准点数量应不少于 2 个;
2)用附合测法校测,允许闭合差为 $\pm 6\sqrt{n}$ mm(n 为测站数)。

(4)制订测量放线方案。根据设计要求与施工方案,并遵照《施工测量规程》与《质量体系基础和术语》(GB/T 19000—2008)制订切实可行又能预控质量的施工测量方案。

二、校核施工图

1. 校核施工图上的定位依据与定位条件

(1)定位依据。建筑物的定位依据必须明确,一般有以下三种情况。

1)城市规划部门给定的城市测量平面控制点。多用于大型新建工程(或小区建设工程)。四等三角网与一级小三角最弱边长中误差分别为 1/45000 与 1/20000,四等与一级光电导线全长闭合差分别为 1/40000与1/14000。其精度均较高,但使用前要校测,以防用错点位、数据或点位变动。

2)城市规划部门给定的建筑红线。多用于一般新建工程。红线桩点位中误差与红线边长中误差均为 5cm，故在使用红线桩定位时，应按要求选择好定位依据的红线桩。

3）原有永久性建（构）筑物或道路中心线多用于现有建筑群体内的扩、改建工程。这些作为定位依据的建（构）筑物必须是四廓（或中心线）规整的永久性建（构）筑物，如砖石或混凝土结构的房屋、桥梁、围墙等，而不应是外廓不规整的临时性建（构）筑物，如车棚、篱笆、铁丝网等。在诸多现有建（构）筑物中，应选择主要的、大型的建（构）筑物为依据，在因定位依据不十分明确的情况下，应请设计单位会同建设单位现场确认，以防后患。

（2）定位条件。建筑物定位条件要合理，应是能唯一确定建筑物位置的几何条件。最常用的定位条件是：确定建筑物上的一个主要点的点位和一个主要轴线（或主要边）的方向。这两个条件少一个则不能定位，多一个则会产生矛盾。由于建（构）筑物总平面图要送规划部门审批，图上的定位条件多要满足各方面的要求，如建（构）筑物间距要满足不挡阳光、要满足消防车的通过等，这样就需要请设计单位明确哪些是必须满足的主要定位条件和定位尺寸。

（3）定位依据与定位条件有矛盾或有错误的情况处理。

1）一般应以主要定位依据、主要定位条件为准，进行图纸审定，以达到定位合理，做到既满足整体规划的要求，又满足工程使用的要求。

2）在建筑群体中，各建筑之间的相对关系位置往往是直接影响建筑物使用功能的，如南北建筑物不能相互挡阳，一般建筑物之间应能满足各种地下管线的铺设，地上道路的顺直、通行与防火间距等。这些条件在审图中均应注意。

3）当定位依据与定位条件有矛盾时，应及时向设计单位提出，求得合理解决，施工方无权自行处理。

2. 校核建筑物外廓尺寸交圈

校核建筑物四廓边界尺寸是否交圈，可分以下四种情况：

（1）矩形图形。主要核算纵向、横向两对边尺寸是否相等，有关轴线关系是否对应，尤其是纵向或横向两端不贯通的轴线关系，更应注意。

(2)梯形图形。主要核算梯形斜边与高的比值是否与底角(或顶角)相对应。

(3)多边形图形。要分别核算内角与边长条件是否满足。

1)内角和条件多边形的内角和$\sum \beta (n-2)180°$(n 为多边形的边数)。

2)边长条件核算方法有两种：

①划分三角形法。选择有两个长边的顶点为极,将多边形划分为$(n-2)$个三角形,先从最长边一侧的三角形(已知两边、一夹角)开始,用余弦定理求得第三边后,再用正弦定理求得另外两夹角,然后依据已求得边长的三角形,依次解算各三角形至另一侧。当最后一个三角形求得的边长及夹角与已知值相等时,则此多边形四廓尺寸交圈；

②投影法。按计算闭合导线的方法,计算多边形各边在两坐标轴上投影的代数和应等于零($\sum \Delta y=0.000, \sum \Delta x=0.000$),以核算其尺寸是否交圈。

(4)圆弧形图形。按测设圆曲线的方法核算圆弧形尺寸是否交圈。

3. 审核建筑物±0.000 设计高程

主要从以下几方面考虑：

(1)建筑物室内地面±0.000 的绝对高程,与附近现有建筑物或道路的绝对高程是否对应。

(2)在新建区内的建筑物室内地面±0.000 的绝对高程,与建筑物所在的原地面高程(可由原地面等高线判断),尤其是场地平整后的设计地面高程(可由设计地面等高线判断)相比较,判断其是否合理。

(3)建筑物自身对高程有特殊要求,或与地下管线、地上道路相连接有特殊要求的,应特殊考虑。

三、校核建筑红线桩和水准点

1.校核红线桩

(1)建筑红线。城市规划行政主管部门批准并实地测定的建设用地位置的边界线,也是建筑用地与市政用地的分界线,红线(桩)点也叫界址(桩)点。

(2)施工中的作用。建筑物定位的依据与边界线。

(3) 使用中注意事项。

1) 使用红线(桩)前，应进行校测，检查桩位是否有误或碰动。

2) 施工过程中，应保护好桩位。

3) 沿红线兴建的建(构)筑物放线后，应由市规划部门验线合格后，方可破土。

4) 新建建筑物不得压红线、超红线。

(4) 校测红线桩的目的。红线桩是施工中建筑物定位的依据，若用错了桩位或被碰动，将直接影响建筑物定位的正确性，从而影响城市的规划建设。

(5) 红线桩校测方法。

1) 当相邻红线桩通视、且能量距时，实测各边边长及各点的左角，用实测值与设计值比较，以做校核。

2) 当相邻红线桩不通视时，则根据附近的城市导线点，用附合导线或闭合导线的形式测定红线桩的坐标值，以做校核。

3) 当相邻红线桩互不通视，且附近又没有城市导线点时，则根据现场情况，选择一个与两红线桩均通视、可量的点位，组成三角形，测量该夹角与两邻边，然后用余弦定理计算对边(红线)边长，与设计值比较以做校核。

2. 校测水准点

(1) 目的。水准点是建筑物高程定位的依据，若点位或数据有误，均可直接影响建筑物高程的正确性，从而影响建筑物的使用功能。校测水准点，即为了取得正确的高程起始依据。

(2) 测法。对建设单位提供的两个水准点进行附合校测，用实测高差与已知高差比较，以做校核。若建设单位只提供一个水准点(或高程依据点)，则必须请其出具确认证明，以保证点位与高程数据的有效性。

第二节　施工前施工控制网的建立

一、基本要求

在勘测时期已建立控制网，但是由于它是为测图而建立的，未考虑施工的要求,因此控制点的分布、密度和精度都难以满足施工测量的要求。另外,由于平整场地控制点大多被破坏,因此,在施工之前,建筑场地上要重新建立专门的施工控制网。

(1)施工的控制,可利用原区域内的平面与高程控制网,作为建筑物、构筑物定位的依据。当原区域内的控制网不能满足施工测量的技术要求时,应另测设施工的控制网。

(2)施工平面控制网的坐标系统,应与工程设计所采用的坐标系统相同。当原控制网精度不能满足需要时,可选用原控制网中个别点作为施工平面控制网坐标和方位的起算数据。

(3)控制网点应根据总平面图和现场条件等测设,满足现场施工测量要求。

在大、中型建筑施工场地上,施工控制网多用正方形或矩形格网组成,称为建筑方格网(或矩形网)。在面积不大且不十分复杂的建筑场地上,常布置一条或几条基线,作为施工测量的平面控制线,称为建筑基线。

二、建筑方格网

1. 建筑方格网的坐标系统

在设计和施工部门,为了工作上的方便,常采用一种独立坐标系统,称为施工坐标系或建筑坐标系。如图 7-1 所示,施工坐标系的纵轴通常用 A 表示,横轴用 B 表示,施工坐标也叫 A、B 坐标。

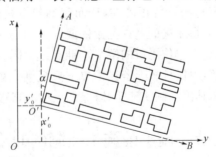

图 7-1 施工坐标系图

施工坐标系的 A 轴和 B 轴,应与厂区主要建筑物或主要道路、管线方向平行。坐标原点设在总平面图的西南角,使所有建筑物和构筑物的设计坐标均为正值。施工坐标系与国家测量坐标系之间的关系,可用施工坐标系原点 O' 的测量系坐标 x'_0、y'_0 及 $O'A$ 轴的坐标方位角 α 来确定。在进行施工测量时,上述数据由勘测设计单位给出。

2. 建筑方格网的布置

(1)建筑方格网的布置和主轴线的选择。建筑方格网的布置,应根据建筑设计总平面图上各建筑物、构筑物、道路及各种管线的布设情况,结合现场的地形情况拟定。如图 7-2 所示,布置时应先选定建筑方格网的主轴线 MN 和 CD,然后再布置方格网。方格网的形式可布置成正方形或矩形,当场区面积较大时,常分两级。首级可采用"十"字形、"口"字形或"田"字形,然后再加密方格网。当场区面积不大时,尽量布置成全面方格网。

布网时,如图 7-2 所示,方格网的主轴线应布设在厂区的中部,并与主要建筑物的基本轴线平行。方格网的折角应严格成 90°。方格网的边长一般为 100~200m;矩形方格网的边长视建筑物的大小和分布而定,为了便于使用,边长尽可能为 50m 或它的整倍数。方格网的边应保证通视且便于测距和测角,点位标石应能长期保存。

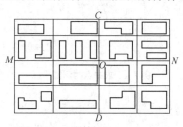

图 7-2 建筑方格网的布置

(2)确定主点的施工坐标。如图 7-3 所示,MN、CD 为建筑方格网的主轴线,它是建筑方格网扩展的基础。当场区很大时,主轴线很长,一般只测设其中的一段,如图中的 AOB 段,该段上 A、O、B 点是主轴线的定位点,称主点。主点的施工坐标一般由设计单位给出,也可在总平面图上用图解法求得一点的施工坐标后,再按主轴线的长度推算其他主点的施工坐标。

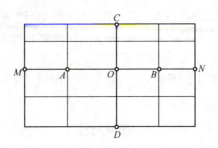

图 7-3 确定主点的施工坐标

(3)求算主点的测量坐标。当施工坐标系与国家测量坐标系不一致时,在施工方格网测设之前,应把主点的施工坐标换算为测量坐标,以便求算测设数据。

如图 7-4 所示,设已知 P 点的施工坐标为 A_P 和 B_P,换算为测量坐标时,可按下式计算:

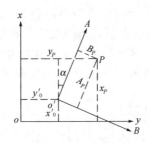

图 7-4 求主点的测量坐标

$$\left.\begin{array}{l} x_P = x_0' + A_P\cos\alpha - B_P\sin\alpha \\ y_P = y_0' + A_P\sin\alpha + B_P\cos\alpha \end{array}\right\} \quad (7\text{-}2)$$

3. 建筑方格网的测设

图 7-5 中的 1、2、3 点是测量控制点,A、O、B 为主轴线的主点。首先将 A、O、B 三点的施工坐标换算成测量坐标,再根据它们的坐标反算出测设数据 D_1、D_2、D_3 和 β_1、β_2、β_3,然后按极坐标法分别测设出 A、O、B 三个主点的概略位置,如图 7-6 所示,以 A'、O'、B' 表示,并用混凝土桩把主点固定下来。混凝土桩顶部常设置一块 10cm×10cm 的铁板,供调整点位使用。受主点测设误差的影响,三个主点一般不在一条直

线上，因此需在 O' 点上安置经纬仪，精确测量 $\angle A'O'B'$ 的角值 β，β 与 $180°$ 之差超过限差时应进行调整，各主点应沿 AOB 的垂线方向移动同一改正值 δ，使三主点成一直线。δ 值可按式(7-4)计算。图7-6中，u 和 r 角均很小，故

$$\left. \begin{array}{l} u = \dfrac{\delta}{\dfrac{a}{2}} \rho = \dfrac{2\delta}{a}\rho \\ r = \dfrac{\delta}{\dfrac{b}{2}} \rho = \dfrac{2\delta}{b}\rho \end{array} \right\} \quad (7\text{-}3)$$

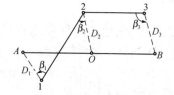

图 7-5 测量控制点

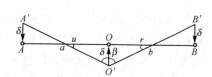

图 7-6 测设出 A、O、B 三个主点位置

$$180° - \beta = u + r = \left(\dfrac{2\delta}{a} + \dfrac{2\delta}{b}\right)\rho = 2\delta\left(\dfrac{a+b}{ab}\right)\rho$$

$$\delta = \dfrac{ab}{2(a+b)} \dfrac{1}{\rho}(180° - \beta) \quad (7\text{-}4)$$

移动 A'、O'、B' 三点之后再测量 $\angle AOB$，如果测得的结果与 $180°$ 之差仍超限，应再进行调整，直到误差在允许范围之内为止。

A、O、B 三个主点测设好后，如图 7-7 所示，将经纬仪安置在 O 点，瞄准 A 点，分别向左、向右转 $90°$，测设出另一主轴线 COD，同样用混凝土桩在地上定出其概略位置 $C'D'$，再精确测出 $\angle AOC'$ 和 $\angle AOD'$，分别算出它们与 $90°$ 之差 ε_1 和 ε_2。并计算出改正值 l_1 和 l_2。

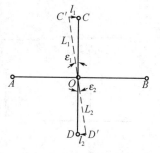

$$l = L\dfrac{\varepsilon}{\rho} \quad (7\text{-}5)$$

图 7-7 测设主轴线 COD

式中　L——OC'或OD'间的距离。

C、D两点定出后,还应实测改正后的$\angle COD$,它与$180°$之差应在限差范围内。然后精密丈量出OA、OB、OC、OD的距离,在铁板上刻出其点位。

主轴线测设好后,分别在主轴线端点上安置经纬仪,均以O点为起始方向,分别向左、向右测设出$90°$角,这样就交会出田字形方格网点。为了进行校核,还要安置经纬仪于方格网点上,测量其角值是否为$90°$,并测量各相邻点间的距离,看它是否与设计边长相等,误差均应在允许范围之内。此后再以基本方格网点为基础,加密方格网中其余各点。

三、建筑基线的布置

建筑基线的布置也是根据建筑物的分布,场地的地形和原有控制点的状况而选定的。建筑基线应靠近主要建筑物,并与其轴线平行,以便采用直角坐标法进行测设,通常可布置成如图7-8所示的几种形式。为了便于检查建筑基线点有无变动,基线点数不应少于三个。

根据建筑物的设计坐标和附近已有的测量控制点,在图上选定建筑基线的位置,求算测设数据,并在地面上测设出来。如图7-9所示,根据测量控制点1、2,用极坐标法分别测设出A、O、B三个点。然后把经纬仪安置在O点,观测$\angle AOB$是否等于$90°$,其偏差值不应超过$\pm 20''$。丈量OA、OB两段距离,分别与设计距离相比较,其偏差值不应大于$1/10000$。否则,应进行必要的点位调整。

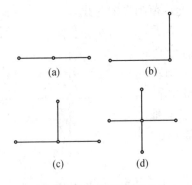

图7-8　建筑基线布置形式

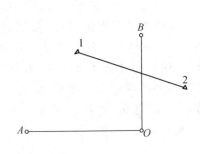

图7-9　测设A、O、B点

四、测设工作的高程控制

在建筑场地上,水准点的密度应尽可能满足安置一次仪器即可测设出所需的高程点。而测绘地形图时敷设的水准点往往是不够的,因此,还需增设一些水准点。在一般情况下,建筑方格网点也可兼作高程控制点。只要在方格网点桩面上中心点旁边设置一个突出的半球状标志即可。

在一般情况下,采用四等"水准测量"方法测定各水准点的高程,而对连续生产的车间或下水管道等,则需采用三等水准测量的方法测定各水准点的高程。

此外,为了测设方便和减少误差,在一般厂房的内部或附近应专门设置±0.000水准点。但需注意设计中各建、构筑物的±0.000的高程不一定相等,应严格加以区别。

第三节 场地平整施工测量

场地平整的目的是将高低不平的建筑场地平整为一个水平面(特殊情况时平整为倾斜面)。其中,测量工作的主要任务是为挖、填土方的平衡而做相应的施工标志,并且计算出挖(填)土方量。

一、土方方格网的测设及挖(填)土方量计算

土方方格网不同于前面所讲的施工方格网。施工方格网用来控制建筑物的位置,其方格网点具有坐标值,所以要根据控制点的坐标来测设。而土方方格网仅仅用来测算土方量,其方格网点并不带坐标值,所以无需根据控制点的坐标来测设,而只把要平整的场地用纵横相交的网点连线分成面积相等的若干个小方格就行了,并且测设精度要求较低,其点位误差允许值为±30cm,标高误差允许值为±2cm,平整范围定线误差为±20cm。当然,若把施工方格网加密,则施工方格网也可作为土方方格网来测算土方量。

土方方格网可用经纬仪或钢尺、皮尺在平整场地上任何方向测设,每个小方格的边长依场地大小、地面起伏状况和精度要求而定,一般为10~40m,通常采用20m。每个格网点要用木桩标定并按顺序编号。

土方方格网有满边网与退格网之分，其测设方法也有所不同，现分别介绍如下。

1. 满边土方方格网的测设方法及挖(填)土方量计算

(1)测设方法。如图 7-10 所示，A、B、C、D 为一块平整场地的四个边界点，1、5、21、25 为在该场地上布设的方格网的四个角点。像这种在平整场地的边界上就开始设网点的方格网叫满边方格网，其测设步骤要点如下。

1)在任一角点 A 安置经纬仪，后视另一角点 B，转 90°水平角而定出 C 点。把 A、B 点间隔均匀地分成若干等份，用钢尺量距定点(或用测距仪测边定点)，以下类同。把 A、C 点间隔均匀地分成若干等份(不一定与 AB 边各份的距离相同)，用钢尺量距定点。

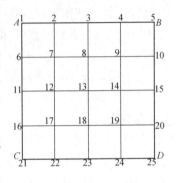

图 7-10　满边方格网

2)在 C 点安置经纬仪，后视 A 点，转 90°水平角，按 AB 边上边长的分法定出 D 点，把 BD 按 AC 边上的分法分成若干等份，用钢尺量距定点。这样，方格网四个周边及其周边上各点就测设出来了。若闭合边 BD 在允许值内，则可进行中间各网点的测设。

3)在周边各网点上用经纬仪转直角定线，用钢尺量距来定出中间各网点的位置，并用木桩标定之。这样，满边方格网就测设完毕。

(2)测定各网点的地面高程。根据场地附近水准点，用水准仪按水准测量的方法测定各网点的地面标高。若场地附近没有水准点，则可认定一个固定点(并假设其高程值)作后视点，测出各点的相对高程。因为测定各网点标高的目的只是要找出各网点之间的高差、确定各网点的平均高度和计算施工高度，进而算出挖(填)土方量，所以，用假定后视点高程的方法是完全可以的。

(3)计算各网点的平均高程值。在图 7-11 中，各方格网点处上面的数字为所测得的各方格网点的地面标高。从这些数字中可以看出，各方格网点的地面高程不尽一致，最高点和最低点的高差为一米多。如果要将高就低地把这块场地整平,就必然存在一个不挖不填的高度。这个高度就是各方格网点的平均高度。高于平均高度的地方就要挖,低于平均高度的地方就要填,高多少就挖多少,低多少就填多少,这样,挖填将自然平衡(即挖方量等于填方量)。因此,要想计算挖(填)土方量,必须首先计算出各方格网点的平均高程值。

```
H平均=51.57
51.24    51.08    51.18    51.31    51.47
-0.33    -0.49    -0.39    -0.26    -0.10

51.41    51.21    51.29    51.38    51.61
-0.16    -0.36    -0.28    -0.19    +0.04

51.85    51.53    51.26    51.68    51.85
+0.28    -0.04    -0.31    +0.11    +0.28

52.00    51.64    51.39    51.77    52.06
+0.43    +0.07    +0.18    +0.20    +0.49

52.10    51.94    51.96    52.12    52.42
+0.53    +0.37    +0.39    +0.55    +0.86
```

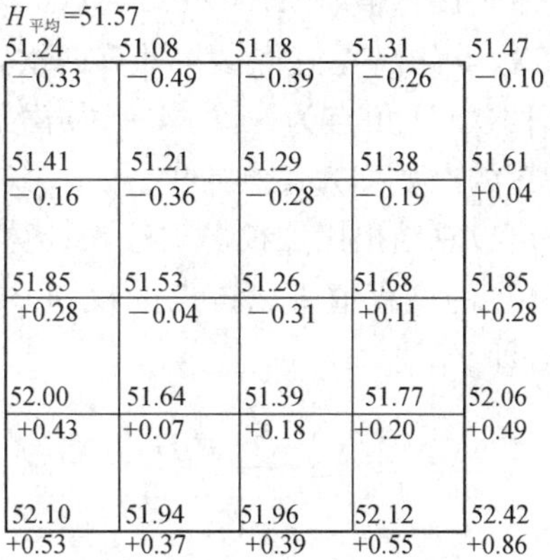

图 7-11　各网点的地面高程

1)用算术平均法计算各方格网点的平均高程值。用算术平均法计算各方格网点的平均高程值的方法是,把各方格网点的地面标高数字全部加起来,然后再除以方格网点的个数,即

$$H_{平均}=\frac{\sum_{i=1}^{n}H_i}{n} \tag{7-6}$$

式中　$H_{平均}$——各方格网点的算术平均高程;

H_i——各方格网点的单个高程;

n——方格网点的个数。

代入图 7-11 中的数据,该方格网点的平均高程为 $H_{平均}=51.63\mathrm{m}$。

2)用加权平均法计算各方格网点的平均高程值。用加权平均法计算各方格网点的平均高程值的基本思想是,先根据各小方格角上的四个高程数据,算出各小方格的平均高程值,然后根据各小方格的平均高程值,再算出整个方格网的平均高程值。

例如,在图 7-11 由 1、2、6、7 四个网点组成的小方格中,其平均高程为 1、2、6、7 四个网点的单个高程加起来除以 4;由 2、3、7、8 四个网点组成的小方格中,其平均高程为 2、3、7、8 四个网点的单个高程加起来除以 4。不难发现,在计算上述两个小方格各自的平均高程时,2、7 两点的单个高程值用了两次。再观察整个计算过程,可以得出这样的规律:在计算各小方格的平均高程值时,1、5、21、25 这四个角的高程值只参与计算一次,2、3、4 等边点的高程值将参与计算两次,7、8、9 等中间点的高程值将参与计算四次(凹角点为三次,本例中暂无)。我们把各网点单个高程值参与计算的次数称为各点的权。

根据上述规律可以总结出用加权平均法来计算各网点的平均高程值的方法为,用各网点的高程值乘以该点的权,并求出其总和,然后再除以各点权的总和,即

$$H_{平均} = \frac{\sum_{i=1}^{n} P_i H_i}{\sum_{i=1}^{n} P_i} \tag{7-7}$$

式中　$H_{平均}$——各方格网点的加权平均高程;

H_i——各方格网点的单个高程;

P_i——各方格网点的权;

n——方格网点的个数。

代入图 7-11 中的数据,该方格网点的平均高程为 $H_{平均} = 51.57$m。

像这种在求一群已知数的平均数时,不但要考虑这群已知数的数值,而且还把这些数各自的权也带进去参加计算的方法,叫加权平均法,其算得的值叫加权平均值。

把用加权平均法算得的结果与用算术平均法算得的结果进行比较,可以看出两个结果的值不等。用加权平均法算得的结果精度高,加权平均值比算术平均值更接近于真值。

(4)计算各网点的施工高度。各网点的施工高度也就是各网点的应挖高度或应填深度。其计算方法是,用各网点的单个地面高程值减去加权平均高程值。若算得的差为正,则表示应挖,若算得的差为负,则表示应填,若算得的差为零,则表示不挖不填。将其计算结果标注在

方格网图各网点地面高程值的下面,见图7-11,并在平整现场各网点的标桩上写明。

(5)计算各小方格的施工高度。把各小方格四个角点上的施工高度求代数和,然后再除以4,即得各小方格的施工高度,也就是在这个小方格面积范围内的应挖高度或应填深度。各小方格的施工高度计算出后,标注在方格网各小方格的中央(图7-12,也可以直接标在图7-11上),以便于计算挖(填)土方量。

显然,各小方格的施工高度有正有负,这正说明有挖有填。如果计算无误的话,那么应挖高度和应填深度一定相等,而且以此算出的应挖方量与应填方量也必然相等。

(6)计算挖(填)土方量。将各小方格的施工高度乘以其面积,就得到各小方格的挖(填)土方量。其正值的总和为总挖方量,其负值的总和为总填方量。计算后如果看到总挖高等于总填深,总挖方等于总填方,则表明此块场地平整,挖、填平衡,测算无误。

2. 退格土方方格网的测设方法及挖(填)方量计算

在布设土方方格网时,为了计算土方量的方便,可由场地的纵横边界分别向内缩进半个小方格边长而开始布设网点。这样,各网点实际上就是满边方格网各小方格的中心(如图7-13中纵横虚线的交点所示)。像这种由平整场地的边界向内缩进一个尺寸后才开始布设网点的方格网叫退格方格网。例如,图7-13中虚线所构成的方格网就是退格方格网。

-0.34	-0.38	-0.28	-0.13
-0.07	-0.25	-0.17	+0.06
+0.18	-0.12	-0.04	+0.27
+0.35	+0.16	+0.24	+0.52

图7-12 施工高度的表示

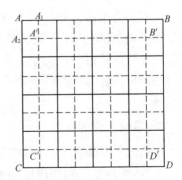

图7-13 退格方格网

(1)退格方格网的测设要点。

1)按测设满边方格网的方法定出 AB 与 AC 边。

2)在 AB 边上自 A 点起量取半个小方格边长为 A_1 点,在 AC 边上自 A 点起量取半个小方格边长为 A_2 点。

3)过 A_1 点作 AC 的平行线,过 A_2 点作 AB 的平行线,两平行线的交点即为退格方格网的交点 A'。

4)在 A' 点安置经纬仪,延长 A_2A' 并按各方格的边长量距得 B' 点。再转 90°水平角,同样按各方格的边长量距得 C' 点。

(2)测定各网点的地面高程。测设方法与测定满边方格网各网点的地面高程的方法相同。只不过此时各网点的地面高程实际上已代表满边方格网相应小方格的平均高程。

(3)计算各网点的平均高程值。计算各网点的平均高程值时,仍可用算术平均法和加权平均法。因加权平均法较为精确,所以,通常都采用加权平均法。

(4)计算各网点的施工高度。各网点施工高度的计算方法仍然是用各网点的地面高程值减去加权平均高程值。此时,各网点的施工高度就是满边方格网中相应小方格的施工高度,可直接用它来计算挖(填)土方量。

(5)计算挖(填)土方量。各网点的施工高度乘以各小方格的面积,就是各小方格的挖(填)土方量。若各网点的挖高与填深相等,且总挖方又等于总填方,则表明计算无误。

从两种方格网的测设与土方量的计算过程来看,满边网的测设过程较简单,但数据多且计算过程也多一步,退格网的测设过程较复杂,但数据少且计算过程较简单。可以肯定,满边网的计算精度比退格网高,特别是在地面高低变化不均匀的场地上进行场地平整时,不宜采用退格网。

二、零线位置的标定

在场地平整施工中,有时需要将挖、填的分界线测定于地上,并撒出白灰线,作为施工时掌握挖与填的标志线。这条挖与填的标志线在场地平整测量中叫作零线。

1. 零点的计算

在高低不平的地面上进行场地平整,总有一个不挖不填的高度,在已算出各方格网点的施工高度后,如一点为挖方,另一相邻点为填方,则在这两点之间,必然存在一个不挖不填的点,这个不挖不填的点在场地平整测量中就叫做零点。求出零点的位置后,把相邻零点连接起来,就得到了零线。

零点位置的计算公式为

$$x_1 = \frac{ah_1}{h_1 + h_2} \tag{7-8}$$

式中　a——小方格边长;

　　　h_1、h_2——相邻两方格点的施工高度,其符号相反,均用绝对值代入计算;

　　　x_1——零点与施工高度为 h_1 的方格点间的距离。

2. 零线的连成

零点的位置全部计算出来后,即可在平整现场相应的网点上通过用量距的方法把零点标定出来。然后沿相邻零点的连接线撒白灰线,就标定出了以白灰线为准的零线位置。

三、土石方量的测算方法

土石方量的计算是建筑工程施工中工程量的计算、编制施工组织设计和合理安排施工现场的一项重要依据。若土方的自然形状比较规则,则可按相应的几何形状的体积计算公式来计算土方量。若土方的自然形状不规则,则可以根据前面讲到的地形图应用中的土方量计算的几种方法进行计算。

第四节　定位放线测量

一、测设前的准备工作

首先是熟悉图纸,了解设计意图。设计图纸是施工测量的主要依据。与测设有关的图纸主要有:建筑总平面图、建筑平面图、立面图、剖面图、基础平面图和基础详图。建筑总平面图是施工放线的总体依据,建筑物都是根据总平面图上所给的尺寸关系进行定位的。建筑平面图给出了建筑物各轴线的间距。立面图和剖面图给出了基础、室内外地坪、门窗、楼板、屋架、屋面等处设计标高。基础平面图和基础详图给出基础轴线、基础宽度和标高的尺寸关系。在测设工作之前,需了解施工的建筑物与相邻建筑物的相互关系,以及建筑物的尺寸和施工的要求等。对各设计图纸的有关尺寸及测设数据应仔细核对,必要时要将图纸上主要尺寸摘抄于施测记录本上,以便随时查找使用。

其次要现场踏勘,全面了解现场情况,检测所有原有测量控制点。平整和清理施工现场,以便进行测设工作。

然后按照施工进度计划要求,制订测设计划,包括测设方法、测设数据计算和绘制测设草图。

在测量过程中,还必须清楚测量的技术要求,因此,测量人员应学习和掌握施工规范和工程测量规范的相关要求。

二、建筑物的定位

建筑物的定位是根据设计条件,将建筑物外廓的各轴线交点(简称角点)测设到地面上,作为基础放线和细部放线的依据。由于设计条件不同,定位方法主要有下述三种。

1. 根据与原有建筑物的关系定位

在建筑区内新建或扩建建筑物时,一般设计图上都给出新建筑物与附近原有建筑物或道路中心线的相互关系,如图 7-14 所示,图中绘有斜线的是原有建筑物,没有斜线的是拟建建筑物。

如图 7-14(a)所示,拟建的建筑物轴线 AB 在原有建筑物轴线 MN 的延长线上,可用延长直线法定位。为了能够准确地测设 AB,应先作 MN 的平行线 $M'N'$。作法是沿原建筑物 PM 与 QN 墙面向外量出 MM' 及 NN',并使 $MM'=NN'$,在地面上定出 M' 和 N' 两点作为建筑基线。再安置经纬仪于 M'

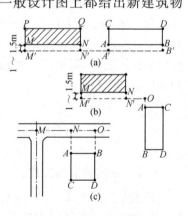

图 7-14 建筑物的定位
(a)延长直线法定位;
(b)、(c)直角坐标法定位

点,照准 N' 点,然后沿视线方向,根据图纸上所给的 NA 和 AB 尺寸,从 N' 点用量距方法依次定出 A'、B' 点。再安置经纬仪于 A' 和 B' 测设 $90°$ 而定出 AC 和 BD。

如图 7-14(b)所示,可用直角坐标法定位。先按上述方法作 MN 的平行线 $M'N'$,然后安置经纬仪于 N' 点,作 $M'N'$ 的延长线,量取 ON' 距离,定出 O 点,再将经纬仪安置于 O 点上测设 $90°$ 角,丈量 OA 值定出 A 点,继续丈量 AB 而定出 B 点。最后在 A 和 B 点安置经纬仪测设 $90°$,根据建筑物的宽度而定出 C 点和 D 点。

如图 7-14(c)所示,拟建建筑物 $ABCD$ 与道路中心线平行,根据图示条件,主轴线的测设仍可用直角坐标法。测法是先用拉尺分中法找出道路中心线,然后用经纬仪做垂线,定出拟建建筑物的轴线。

2. 根据建筑方格网定位

在建筑场地已设有建筑方格网,可根据建筑物和附近方格网点的坐标,用直角坐标法测设。如图 7-15 所示,由 A、B 点的设计坐标值可算出建筑物的长度和宽度。测设建筑物定位点 A、B、C、D 时,先把经纬仪安置在方格点 M 上,照准 N 点,沿视线方向自 M 点用钢尺量取 AM 得 A' 点,再由 A' 点沿视线方向量建筑物的长度得 B' 点,然后安置经纬仪于 A',照准 N 点,向左测设 $90°$,并在视线上量取 AA' 得 A 点,再由 A 点继续量取建筑物的宽度得 D 点。安置经纬仪于 B' 点,同法定出 B、C 点。为了校核,应再测量 AB、CD 及 BC、AD 的长度,看其是否等于建筑物的设计长度和宽度。

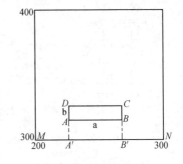

图 7-15 方格网定位

3. 根据控制点的坐标定位

在场地附近如果有测量控制点可以利用,也可以根据控制点及建筑物定位点的设计坐标,反算出交会角度或距离后,因地制宜采用极坐标法或角度交会法将建筑物的主要轴线测设到地面上。

三、建筑物的放线

建筑物放线是指根据定位的主轴线桩(即角桩),详细测设其他各轴线交点的位置,并用木桩(桩顶钉小钉)标定出来,称为中心桩,并据此按基础宽和放坡宽用白灰线撒出基槽边界线。

由于在施工开挖基槽时中心桩要被挖掉,因此,在基槽外各轴线延长线的两端应钉轴线控制桩(也叫保险桩或引桩),作为开槽后各阶段施工中恢复轴线的依据。控制桩一般钉在槽边外 2～4m 不受施工干扰并便于引测和保存桩位的地方,如附近有建筑物,亦可把轴线投测到建筑物上,用红油漆做出标志,以代替控制桩。

1. 龙门板的测设

在早期小型民用建筑中,为了便于施工,常在基槽开挖之前将各轴线引测至槽外的水平木板上,以作为挖槽后各阶段施工恢复轴线的依据。水平木板称为龙门板,固定木板的木桩称为龙门桩,如图 7-16 所示。设置龙门板的步骤如下。

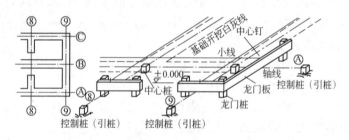

图 7-16　龙门桩的设置

(1)在建筑物四角和中间隔墙的两端基槽外 1.5～2m 处(可根据槽深和土质而定)设置龙门桩。桩要竖直、牢固,桩的侧面应与基槽平行。

(2)根据附近水准点,用水准仪在每个龙门桩外侧测设出该建筑物室内地坪设计高程线即±0.000 标高线,并做出标志。在地形条件受到限制时,可测设比±0.000 高或低整分米数的标高线,但同一个建筑物最好只选用一个标高。如地形起伏较大需用两个标高时,必须标注清楚,以免使用时发生错误。

(3)沿龙门桩上±0.000 标高线钉设龙门板,这样龙门板顶面的高程就均在±0.000的水平面上。然后用水准仪校核龙门板的高程,如有差错则应及时纠正。

(4) 把经纬仪安置于中心桩上,将各轴线引测到龙门板顶面上,并钉小钉作为标志(称为中心钉)。如果建筑物较小,也可用垂球对准定位桩中心,在轴线两端龙门板间拉一小线绳,使其贴靠垂球线,用这种方法将轴线延长标在龙门板上。

(5) 用钢尺沿龙门板顶面,检查中心钉的间距,其误差不超过1/2000。检查合格后,以中心钉为准,将墙宽、基础宽标在龙门板上。最后根据基槽上口宽度拉线,用石灰撒出开挖边线。

龙门板使用方便,它可以控制±0.000以下各层标高和基槽宽、基础宽、墙身宽。但它需要木材较多,且占用施工场地影响交通,对机械化施工不适应。这时候可以用轴线控制桩的方法来代替。

2. 轴线控制桩的测设

轴线控制桩的方法实质上就是厂房控制网的方法。在建筑物定位时,不是直接测设建筑物外廓的各主轴线点,而是在基槽外1~2m处(视槽的深度而定),测设一个与建筑物各轴线平行的矩形网。在矩形网边上测设出各轴线与之相交的交点桩,称为轴线控制桩或引桩。利用这些轴线控制桩,作为在实地上定出基槽上口宽、基础边线、墙边线等的依据。

一般建筑物放线时,±0.000标高测设误差不得大于±3mm,轴线间距校核的距离相对误差不得大于1/3000。

第五节 工业厂房建筑施工测量

一、厂房控制网的测设

厂房的定位应该是根据现场建筑方格网进行的。由于厂房多为排柱式建筑,跨距和间距较大,但是隔墙少,平面布置比较简单,所以厂房施工中多采用由柱轴线控制桩组成的厂房矩形方格网作为厂房的基本控制网,这个厂房控制网是在建筑方格网下测设出来的。如图7-17中 Ⅰ、Ⅱ、Ⅲ、Ⅳ为建筑方格网点,a、b、c、d 为厂房最外边的四条轴线的交点,其设计坐标为已知。A、B、C、D 为布置在基坑开挖范围以外的厂房矩形控制网的四个角点,称为厂房控制桩。厂房控制桩的坐标可根据厂房外轮廓轴线交点的坐标和设计间距 l_1、l_2 求出。先根据建筑方格网点Ⅰ、Ⅱ用直角坐标法精确测设 A、B 两点,然后由 AB 测设 C 点和 D 点,最后校核∠DCA、∠BDC 及 CD 边长,对一般厂房来说,误差不应超过 $\pm10''$ 和 $1/15000$。为了便于柱列轴线的测设,需在测设和检查距离的过程中,由控制点起沿矩形控制网的边上,按每隔 18m 或 24m 设置一桩,称为距离指标桩。

对于小型厂房也可采用民用建筑的测设方法直接测设厂房四个角点,再将轴线投测到龙门板或控制桩上。

对于大型或基础设备复杂的厂房,则应先精确测设厂房控制网的主轴线,如图 7-18 中的 MON 和 POQ,再根据主轴线测设厂房控制网 $ABCD$。

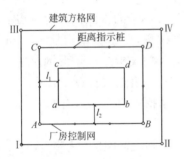

图 7-17 厂房控制网的测设

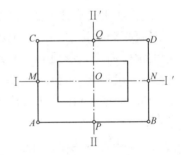

图 7-18 主轴线的测设

二、柱列轴线的测设与柱列基础放线

1. 柱列轴线的测设

根据厂房柱列平面图(图 7-19)上设计的柱间距和柱跨距的尺寸,使用距离指标桩,用钢尺沿厂房控制网的边逐段测设距离,以定出各轴线控制桩,并在桩顶钉小钉以示点位。相应控制桩的连线即为柱列轴线(又称定位轴线),并应注意变形缝等处特殊轴线的尺寸变化,按照正确尺寸进行测设。

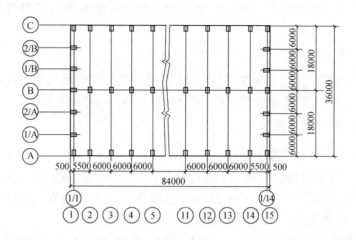

图 7-19 柱列轴线的测设

2. 柱基的测设

将两架经纬仪分别安置在纵横轴线控制桩上,交会出柱基定位点(即定位轴线的交点)。再根据定位点和定位轴线,按基础详图(图7-20)上的尺寸和基坑放坡宽度,放出开挖边线,并撒上白灰标明。同时在基坑外的轴线上,离开挖边线约 2m 处,各打入一个基坑定位小木桩,桩顶钉小钉作为修坑和立模的依据。

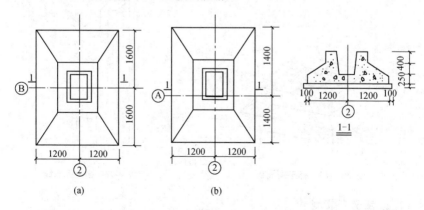

图 7-20 基础详图

由于定位轴线不一定是基础中心线,故在测设外墙、变形缝等处的柱基时,应特别注意。

3. 基坑的高程测设

当基坑挖到一定深度时,再用水准仪在基坑四壁距坑底设计标高0.3~0.5m处设置水平桩,作为检查坑底标高和打垫层的依据。

三、柱子安装测量

1. 安装前的准备工作

(1) 在基础轴线控制桩上置经纬仪,检测每个柱子基础(一种杯形构筑物,如图7-21所示)中心线偏离轴线的偏差值,是否在规定的限差以内。检查无误后,用墨线将纵横轴线标在基础面上。

(2) 检查各相邻柱子的基础轴线间距,其与设计值的偏差不得大于规定的限差。

(3) 利用附近的水准点,对基础面及杯底的标高进行检测。基础面的设计标高一般为-0.500m,检测得到的不符值不得超过±3mm;杯底检测标高的限差与基础面相同。超过限差的,要对基础进行修整。

(4) 在每根柱子的两个相邻侧面上,用墨线弹出柱中线,并根据牛腿面的设计标高,自牛腿面向下精确地量出±0.000及-0.600标志线,如图7-22所示。

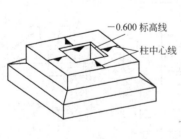

图7-21 杯形构筑物

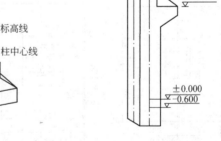

图7-22 画出标志线

2. 柱子安装测量

安装柱子的要求如下。

(1)位置准确。柱中线对轴线位移不得大于 5mm。

(2)柱身竖直。柱顶对柱底的垂直度偏差,当柱高 $H\leqslant 5m$ 时,不得大于 5mm;$5<H\leqslant 10m$ 时,不得大于 10mm;$H>10m$ 时,不得大于 $H/1000$,且不超过 25mm。

(3)牛腿面在设计的高度上。其允许偏差为$-5mm$。

在安装时,柱中线与基础面已弹出的纵横轴线应重合,并使-0.600的标志线与杯口顶面对齐后将其固定。

测定柱子的垂直偏差量时,在纵横轴线方向上的经纬仪,分别将柱顶中心线投点至柱底。根据纵横两个方向的投点偏差计算偏差量和垂直度。

3.柱子的校正

(1)柱子的水平位置校正。

柱子吊入杯口后,使柱子中心线对准杯口定位线,并用木楔或钢楔作临时固定,如果发现错动,可用敲打楔块的方法进行校正,为了便于校正时使柱脚移动,事先在杯中放入少量粗砂。

(2)柱子的铅直校正。

如图 7-23 所示,将两架经纬仪分别安置在纵横轴线附近,离柱子的距离约为 1.5 倍柱高。先瞄准柱脚中线标志符号,固定照准部并逐渐抬高望远镜,若是柱子上部的中线标志符号在视线上,则说明柱子在这一方向上是竖直的。否则,应进行校正。校正的方法有敲打楔块法、变换撑杆长度法以及千斤顶斜顶法等。根据具体情况采用适当的校正方法,使柱子在两个方向上都满足铅直度要求为止。

在实际工作中,常把成排柱子都竖起来,这时可把经纬仪安置在柱列轴线的一侧,使得安置一次仪器能校正数根柱子。为了提高校正的精度,视线与轴线的夹角不得大于 15°。

(3)柱子铅直校正的注意事项。

1)校正用的经纬仪必须经过严格的检查和校正。操作时要保证照准部水准管气泡严格居中。

2)柱子的垂直度校正好后,要复查柱子下部中心线是否仍对准基础定位线。

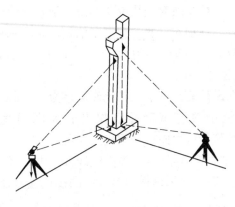

图 7-23　柱子的校正

3)在校正截面有变化的柱子时,经纬仪必须安置在柱列轴线上,以防差错。

4)避免在日照下校正,应选择在阴天或早晨,以防由于温度差使柱子向阴面弯曲,影响柱子校正工作。

四、吊车梁、轨安装测量

1. 准备工作

(1)首先根据厂房中心线 AA' 及两条吊车轨道间的跨距,在实地上测设出两边轨道中心线 A_1A_1' 及 A_2A_2',如图 7-24 所示。并在这两条中心线上适当地测设一些对应的点 1、2、…,以便于向牛腿面上投点。这些点必须位于直线上,并应检查其间跨是否与轨距一致。而后在这些点上设置经纬仪,将轨道中心线投射到牛腿面上,并用墨线在牛腿面上弹出中心线。

(2)在预制好的钢筋混凝土梁的顶面及两个端面上用墨线弹出梁中心线,如图 7-25 所示。

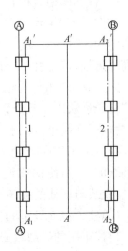

图 7-24　测设轨道中心线

(3)根据基础面的标高,沿柱子侧面用钢尺向上量出吊车梁顶面的设计标高线(也可量出比梁面设计标高线高 5~10cm 的标高线),供修整梁面时控制梁面标高用。

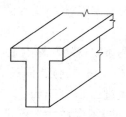

图 7-25 划出梁中心线

2. 吊车梁安装测量

(1)吊装吊车梁时,只要使吊车梁两个端面上的中心线,分别与牛腿面上的中心线对齐即可,其误差应小于 3mm。

(2)吊车梁安装就位后,要根据梁面设计标高对梁面进行修整,对梁底与牛腿面间的空隙进行填实等处理。而后用水准仪检测梁面标高(一般每 3m 测一点),其与设计标高的偏差不得超过 ±5mm。

(3)安装好吊车梁后,在安装吊车轨前还要对吊车梁中心线进行一次检测,检测时通常用平行线法。如图 7-26 所示,在离轨道中心线 A_1A' 间距为 1m 处,测设一条平行线 aa'。为了便于观测,在平行线上每隔一定距离再设置几个观测点。将经纬仪置于平行线上,后视端点 a 或 a' 后向上投点,使一人在吊车梁上横置一木尺对点。当望远镜十字丝中心对准木尺上的 1m 读数时,尺的零点处即为轨道中心。用这样的方法,在梁面上重新定出轨道中心线供安装轨道用。

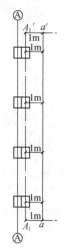

图 7-26 量出设计标高线

3. 轨道安装测量

(1)吊车梁中心线检测无误后,即可沿中心线安放轨道垫板。垫板的高度应该根据轨道安装后的标高偏差不超过 ±2mm 来确定。

(2)轨道应按照检测后的中心线安装,在固定前,应进行轨道中心线、跨距和轨顶标高检测。

轨道中心线的检测方法与梁中心线检测方法相同,其允许偏差为±2mm。

跨距检测方法是在两条轨道的对称点上,直接用钢尺精确丈量,检测的位置应在轨道的两端点和中间点,但最大间隔不得大于15m。实量与设计值的偏差不得超过±3~±5mm。

轨顶标高(安装好后的)根据柱面上已定出的标高线,用水准仪进行检测。检测位置应在轨道接头处及中间每隔5m左右处。轨顶标高的偏差值不得超过±2mm。

五、屋架安装测量

屋架安装是以安装后的柱子为依据。在屋架安装前,先要根据柱面上的±0标高线找平柱顶。屋架吊装定位时,应使屋架中心线与柱子上相应的中心线对齐。

屋架吊装就位后,应用经纬仪(安置在屋架轴线方向上)投点的方法将屋架调整至竖直位置。在固定屋架的过程中,一直要用经纬仪对屋架的竖直度进行监测。

第六节　建筑物的变形观测

一、变形观测特点和基本措施

1.变形观测的特点

(1)精度要求高。为了能准确地反映出建(构)筑物的变形情况,一般规定测量的误差应小于变形量的 $1/20\sim 1/10$。为此,变形观测中应使用精密水准仪(DS1、DS05)、精密经纬仪(DJ2、DJ1)和精密的测量方法。

(2)观测时间性强。各项变形观测的首次观测时间必须按时进行,否则得不到原始数据,而使整个观测失去意义。其他各阶段的复测,也必须根据工程进展定时进行,不得漏测或补测,这样才能得到准确的变形量及其变化情况。

(3)观测成果要可靠、资料要完整。这是进行变形分析的需要,否则得不到符合实际的结果。

2. 变形观测的基本措施

为了保证变形观测成果的精度,除按规定时间一次不漏地进行观测外,在观测中应采取"一稳定、四固定"的基本措施。

(1)一稳定。一稳定是指变形观测依据的基准点、工作基点和被观测物上的变形观测点,其点位要稳定。基准点是变形观测的基本依据,每项工程至少要3个稳固可靠的基准点,并每半年复测一次;工作基点是观测中直接使用的依据点,要选在距观测点较近但比较稳定的地方。对通视条件较好或观测项目较少的高层建筑,可不设工作基点,而直接依据基准点观测。变形观测点应设在被观测物上最能反映变形特征、且便于观测的位置。

(2)四固定。四固定是指所用仪器、设备要固定;观测人员要固定;观测的条件、环境基本相同;观测的路线、镜位、程序和方法要固定。

二、沉降观测

在建筑物施工过程中,随着上部结构的逐步建成、地基荷载的逐步增加,建筑物产生下沉现象。建筑物的下沉是逐渐产生的,并将延续到竣工交付使用后的相当长一段时期。因此建筑物的沉降观测应按照沉降产生的规律进行。沉降观测在高程控制网的基础上进行。

在建筑物周围一定距离、基础稳固、便于观测的地方,布设一些专用水准点,在建筑物上能反映沉降情况的位置设置一些沉降观测点,根据上部荷载的加载情况,每隔一定时期观测水准点与沉降观测点之间的高差一次,据此计算与分析建筑物的沉降规律。

1. 专用水准点的设置

专用水准点分水准基点和工作基点。

(1)每一个测区的水准基点不应少于3个,对于小测区,当确认点位稳定可靠时可少于3个,但连同工作基点不得少于2个。水准基点的标石,应埋设在基岩层或原状土层中。在建筑区内,点位与邻近建筑物的距离应大于建筑物基础最大宽度的2倍,其标石埋深应大于邻近建筑物基础的深度。在建筑物内部的点位,其标石埋深应大于地基土压层的深度。水准基点的标石,可根据点位所在处的不同地质条件选埋基岩水准基点标石[图 7-27(a)]、深埋钢管水准基点标石[图 7-27(b)]、深埋双金属管水准基点标石[图 7-27(c)]、混凝土基点水准标石[图 7-27(d)]。

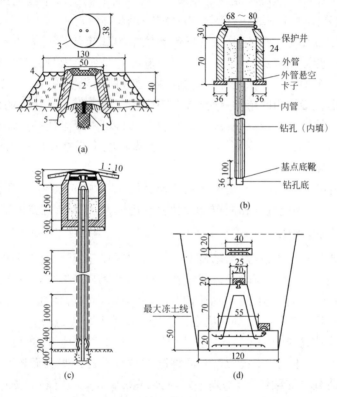

图 7-27　水准基点标石(单位:cm)
(a)基岩水准基点标石;(b)深埋钢管水准基点标石;
(c)深埋双金属管水准基点标石;(d)混凝土基点水准标石
1—抗蚀的金属标志;2—钢筋混凝土井圈;3—井盖;4—砌石土丘;5—井圈保护层

(2)工作基点与联系点布设的位置应视构网需要确定。工作基点位置与邻近建筑物的距离不得小于建筑物基础深度的 1.5～2.0 倍。工作基点与联系点也可设置在稳定的永久性建筑物墙体或基础上。工作基点的标石,可按点位的不同要求选埋浅埋钢管水准标石(图 7-28)、

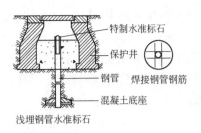

图 7-28　工作基点标石

混凝土普通水准标石或墙角、墙上水准标石等。

水准标石埋设后,应达到稳定后方可开始观测。稳定期根据观测要求与测区的地质条件确定,一般不宜少于 15 天。

2. 沉降观测点的设置

在建筑物上布设一些能全面反映建筑物地基变形特征的点位,并结合地质情况及建筑结构特点确定点位,点位宜选择在下列位置。

(1)建筑物的四角、大转角处及沿外墙每 10～15m 处或每隔 2～3 根柱基上。

(2)高层建筑物、新旧建筑物及纵横墙等交接处的两侧。

(3)建筑物裂缝和沉降缝两侧、基础埋深相差悬殊处、人工地基与天然地基接壤处、不同结构的分界处及填挖方分界处。

(4)宽度不小于 15m 而地质复杂以及膨胀土地区的建筑物,在承重内隔墙中部设内墙点,在室内地面中心及四周设地面点。

(5)邻近堆置重物处、受振动有显著影响的部位及基础下的暗浜(沟)处。

(6)框架结构建筑物的每个或部分柱基上或沿纵横轴线设点。

(7)片筏基础、箱形基础底板或接近基础的结构部分之四角处及其中部位置。

(8)重型设备基础和动力设备基础的四角、基础形式或埋深改变处以及地质条件变化处两侧。

(9)电视塔、烟囱、水塔、油罐、炼油塔、高炉等高耸建筑物,沿周边在与基础轴线相交的对称位置上布点,点数不少于 4 个。

沉降观测标志,可根据不同的建筑结构类型和建筑材料,采用墙

(柱)标志、基础标志和隐蔽式标志(用于宾馆等高级建筑物)，各类标志的立尺部位应加工成半球形或有明显的突出点，并涂上防腐剂，如图 7-29 所示。标志埋设位置应避开雨水管、窗台线、暖气片、暖水片、暖水管、电气开关等有碍设标与观测的障碍物，并应视立尺需要离开墙(柱)面和地面一定距离。

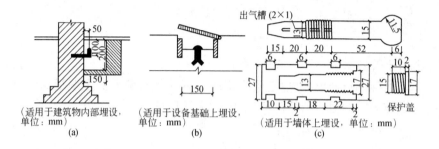

图 7-29 沉降观测点标志
(a)窨井式标志；(b)盒式标志；(c)螺栓式标志

3. 高差观测

高差观测宜采用水准测量方法，要求如下：

(1)水准网的布设。对于建筑物较少的测区，宜将水准点连同观测点按单一层次布设；对于建筑物较多且分散的大测区，宜按两个层次布网，即由水准点组成高程控制网、观测点与所联测的水准点组成扩展网。高程控制网应布设为闭合环、结点网或附合高程路线。

(2)水准测量的等级划分。水准测量划分为特级、一级、二级和三级。各级水准测量的观测限差列于表 7-1，视线长度、前后视距差、视线高度应符合表 7-2 的规定。

表 7-1　　　　　　　　　　水准观测限差

等　　级	基辅分划（黑红面）读数之差	基辅分划（黑红面）所测高差之差	往返较差及附合或环线闭合差	单程双测站所测高差较差	检测已测测段高差之差
特　级	0.15	0.2	$\leqslant 0.1\sqrt{n}$	$\leqslant 0.07\sqrt{n}$	$\leqslant 0.15\sqrt{n}$
一　级	0.3	0.5	$\leqslant 0.3\sqrt{n}$	$\leqslant 0.2\sqrt{n}$	$\leqslant 0.45\sqrt{n}$

续表

等 级		基辅分划 （黑红面） 读数之差	基辅分划 （黑红面） 所测高差之差	往返较差及 附合或环线 闭合差	单程双测站 所测高差 较差	检测已测 测段高差 之差
二 级		0.5	0.7	$\leqslant 1.0\sqrt{n}$	$\leqslant 0.7\sqrt{n}$	$\leqslant 1.5\sqrt{n}$
三级	光学测微器法	1.0	1.5	$\leqslant 3.0\sqrt{n}$	$\leqslant 2.0\sqrt{n}$	$\leqslant 4.5\sqrt{n}$
	中丝读数法	2.0	3.0			

注：表中 n 为测站数。

表 7-2　　水准观测的视线长度、前后视距差、视线高度(m)

等 级	视线长度	前后视距差	前后视距累积差	视线高度	观测仪器
特 级	$\leqslant 10$	$\leqslant 0.3$	$\leqslant 0.5$	$\geqslant 0.5$	DSZ05 或 DS05
一 级	$\leqslant 30$	$\leqslant 0.7$	$\leqslant 1.0$	$\geqslant 0.3$	DSZ05 或 DS05
二 级	$\leqslant 50$	$\leqslant 2.0$	$\leqslant 3.0$	$\geqslant 0.2$	DS1 或 DS05
三 级	$\leqslant 75$	$\leqslant 5.0$	$\leqslant 8.0$	三丝能读数	DS3 或 DS1,DS05

(3)水准测量精度等级的选择。

水准测量的精度等级是根据建筑物最终沉降量的观测中的误差来确定的。

建筑物的沉降量分绝对沉降量 s 和相对沉降量 Δs。绝对沉降的观测中误差 m_s，按低、中、高压缩性地基土的类别，分别选±0.5mm、±1.0mm、±2.5mm；相对沉降（如沉降差、基础倾斜、局部倾斜等）、局部地基沉降（如基础回弹、地基土分层沉降等）以及膨胀土地基变形等的观测中误差 $m_{\Delta s}$ 均不应超过其变形允许值的 1/20，建筑物整体变形（如工程设施的整体垂直挠曲等）的观测中误差，不应超过其允许垂直偏差的 1/10，结构段变形（如平置构件挠度等）的观测中误差，不应超过其变形允许值的 1/6。

(4)沉降观测的成果处理。沉降观测成果处理的内容是，对水准网进行严密平差计算，求出观测点每期观测高程的平差值，计算相邻两次观测之间的沉降量和累积沉降量，分析沉降量与增加荷载的关系。表 7-3 列出了某建筑物上 6 个观测点的沉降观测结果，图 7-30 是根据表 7-3 的数据绘出的各观测点的沉降、荷重与时间关系曲线图。

表7-3　某建筑物6个观测点的沉降观测结果

观测日期 年月日	荷重/(t/m²)	观测点 1 高程/m	本次下沉/mm	累计下沉/mm	2 高程/m	本次下沉/mm	累计下沉/mm	3 高程/m	本次下沉/mm	累计下沉/mm	4 高程/m	本次下沉/mm	累计下沉/mm	5 高程/m	本次下沉/mm	累计下沉/mm	6 高程/m	本次下沉/mm	累计下沉/mm
1997.4.20	4.5	50.157	±0	±0	50.154	±0	±0	50.155	±0	±0	50.155	±0	±0	50.156	±0	±0	50.154	±0	±0
5.5	5.5	50.155	-2	-2	50.153	-1	-1	50.153	-2	-2	50.154	-1	-1	50.155	-1	-1	50.152	-2	-2
5.20	7.0	50.152	-3	-5	50.150	-3	-4	51.151	-2	-4	50.153	-1	-2	50.151	-4	-5	50.148	-4	-6
6.5	9.5	50.148	-4	-9	50.148	-2	-6	50.147	-4	-8	50.150	-3	-5	50.148	-3	-8	50.146	-2	-8
6.20	10.5	50.145	-3	-12	50.146	-2	-8	50.143	-4	-12	50.148	-2	-7	50.146	-2	-10	50.144	-2	-10
7.20	10.5	50.143	-2	-14	50.145	-1	-9	50.141	-2	-14	50.147	-1	-8	50.145	-1	-11	50.142	-2	-12
8.20	10.5	50.142	-1	-15	50.144	-1	-10	50.140	-1	-15	50.145	-2	-10	50.144	-1	-12	50.140	-2	-14
9.20	10.5	50.140	-2	-17	50.142	-2	-12	50.138	-2	-17	50.143	-2	-12	50.142	-2	-14	50.139	-1	-15
10.20	10.5	50.139	-1	-18	50.140	-2	-14	50.137	-1	-18	50.142	-1	-13	50.140	-2	-16	50.137	-2	-17
1998.1.20	10.5	50.137	-2	-20	50.139	-1	-15	50.137	±0	-18	50.142	±0	-13	50.139	-1	-17	50.136	-1	-18
4.20	10.5	50.136	-1	-21	50.138	-1	-16	50.136	-1	-19	50.141	-1	-14	50.138	-1	-18	50.136	±0	-18
7.20	10.5	50.135	-1	-22	50.138	±0	-16	50.135	-1	-20	50.140	-1	-15	50.137	-1	-19	50.136	±0	-18
10.20	10.5	50.135	±0	-22	50.138	±0	-16	50.134	-1	-21	50.140	±0	-15	50.136	-1	-20	50.136	±0	-18
1999.1.20	10.5	50.135	±0	-22	50.138	±0	-16	50.134	±0	-21	50.140	±0	-15	50.136	±0	-20	50.136	±0	-18

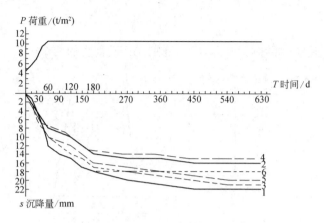

图 7-30　建筑物的沉降、荷重、时间关系曲线图

三、倾斜观测

1. 观测内容

(1)建(构)筑物竖向倾斜观测。一般要在进行倾斜监测的建(构)筑物上设置上下两点或上、中、下多点观测标志,各标志应在同一竖直面内。用经纬仪正倒镜法,由上而向下投测各观测点的位置,然后根据高差计算倾斜量。或以某一固定方向为后视,用测回法观测各点的水平角及高差,再进行倾斜量的计算。

(2)建(构)筑物不均匀下沉对竖向倾斜影响的观测。这是高层建筑中最常见的倾斜变形观测,利用沉降观测的数据和观测点的间距,即可计算由于不均匀下沉对倾斜的影响。

2. 观测要点

在进行观测之前,首先要在进行倾斜观测的建筑物上设置上下两点或上、中、下三点标志,作为观测点,各点应位于同一垂直视准面内。如图 7-31 所示。M、N 为观测点。如果建筑物发生倾斜,MN 将由垂直线变为倾斜线。观测时,经纬仪的位置距离建筑物应大于建筑物的高度,瞄准上部观测点 M,用正倒镜法向下投点得 N',如 N' 与 N 点不重合,则说明建筑物发生倾斜,以 a 表示 N'、N 之间的水平距离,a 即为建筑物的倾斜值。若以 H 表示其高度,则倾斜度为

$$i = \arcsin\frac{a}{H} \tag{7-9}$$

高层建筑物的倾斜观测,必须分别在互成垂直的两个方向上进行。

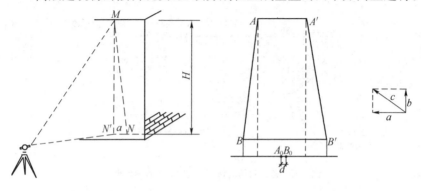

图 7-31　倾斜观测　　　　　图 7-32　偏心距观测

当测定圆形构筑物(如烟囱、水塔、炼油塔)的倾斜度时(图 7-32),首先要求得顶部中心对底部中心的偏距。为此,可在构筑物底部放一块木板,木板要放平放稳。用经纬仪将顶部边缘两点 A、A' 投影至木板上而取其中心 A_0,再将底部边缘上的两点 B 与 B' 也投影至木板上而取其中心 B_0,A_0B_0 之间的距离 a 就是顶部中心偏离底部中心的距离。同法可测出与其垂直的另一方向上顶部中心偏离底部中心的距离 b。再用矢量相加的方法,即可求得建筑物总的偏心距即倾斜值。即

$$c = \sqrt{a^2 + b^2} \tag{7-10}$$

构筑物的倾斜度为

$$i = \frac{c}{H} \tag{7-11}$$

四、裂缝观测

建筑物发现裂缝,除了要增加沉降观测的次数外,应立即进行裂缝变化的观测。为了观测裂缝的发展情况,要在裂缝处设置观测标志。设置标志的基本要求是,当裂缝展开时标志就能相应的开裂或变化,正确地反映建筑物裂缝发展情况。其形式有以下三种。

(1)石膏板标志。用厚 10mm,宽约 50~80mm 的石膏板(长度视裂缝大小而定),在裂缝两边固定。当裂缝继续发展时,石膏板也随之

开裂,从而观察裂缝继续发展的情况。

(2)白铁片标志。如图 7-33 所示,用两块白铁片,一片取 150mm×150mm 的正方形,固定在裂缝的一侧。并使其一边和裂缝的边缘对齐。另一片为 50mm×200mm,固定在裂缝的另一侧,并使其中一部分紧贴相邻的正方形白铁片。当两块白铁片固定好以后,在其表面均涂上红色油漆。如果裂缝继续发展,两白铁片将逐渐拉开,露出正方形白铁片上原被覆盖没有涂油漆的部分,其宽度即为裂缝加大的宽度,可用尺子量出。

(3)金属棒标志(图 7-34)。在裂缝两边凿孔,将长约 10cm 直径 10mm 以上的钢筋头插入,并使其露出墙外约 2cm,用水泥砂浆填灌牢固。在两钢筋头埋设前,应先把钢筋一端锉平,在上面刻画十字线或中心点,作为量取其间距的依据。待水泥砂浆凝固后,量出两金属棒之间的距离,并记录下来。以后如裂缝继续发展,则金属棒的间距也就不断加大。定期测量两棒间距并进行比较,即可掌握裂缝展开情况。

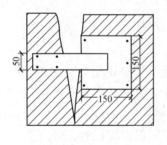

图 7-33 白铁片标志

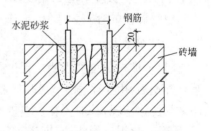

图 7-34 金属棒标志

五、位移观测

1.观测方法

当建筑物在平面上产生位移时,为了进行位移测量,应在其纵横方向上设置观测点及控制点。如已知其位移的方向,则只在此方向上进行观测即可。观测点与控制点应位于同一直线上,控制点至少须埋设 3 个,控制点之间的距离及观测点与相邻的控制点间的距离要大于 30m,以保证测量的精度。如图 7-35 所示,A、B、C 为控制点,M 为观测点。控制点必须埋设牢固稳定的标桩,每次观测前,对所使用的控制点应进行检查,以防止其变化。建筑物上的观测点标志要牢固、明显。

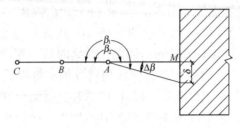

图 7-35 位移观测示意

位移观测可采用正倒镜投点的方法求出位移值。亦可采用测角的方法。如图 7-35 所示,设第一次在 A 点所测的角度为 β_1,第二次测得的角度为 β_2,两次观测角度的差数 $\Delta\beta = \beta_2 - \beta_1$,则建筑物之位移值为

$$\delta = \frac{\Delta\beta \times AM}{\rho}$$

式中　ρ——1 弧度对应的角度,取 $206265''$。

位移测量的容差为 $\pm 3mm$,进行重复观测评定。

2. 观测要点

(1) 护坡桩的位移观测。无论是钢板护坡桩还是混凝土护坡桩,在基坑开挖后,由于受侧压力的影响,柱身均会向基坑方向产生位移,为监测其位移情况,一般要在护坡桩基坑一侧 500mm 左右设置平行控制线,用经纬仪视准线法,定期进行观测,以确保护坡桩的安全。

(2) 日照对高层建(构)筑物上部位移变形的观测。这项观测对施工中如何正确控制高层建(构)筑物的竖向偏差具有重要作用。观测随建(构)筑物施工高度的增加,一般每 30m 左右实测一次。实测时应选在日照有明显变化的晴天进行,从清晨起每一小时观测一次,至次日清晨,以测得其位移变化数值与方向,并记录向阳面与背阳面的温度。竖向位置以使用天顶法为宜。

(3) 建筑物本身的位移观测。由于地质或其他原因,当建筑物在平面位置上发生位移时,应根据位移的可能情况,在其纵向和横向上分别设置观测点和控制线,用经纬仪视准线法或小角度法进行观测。和沉降观测一样,水平位移观测也分为四个等级,各等级的适用范围同表

7-4,各等级的变形点的点位中误差分别为一等为±1.5mm,二等为±3.0mm,三等为±6.0mm,四等为±12.0mm。

表7-4　　　　　沉降观测点的等级、精度要求和观测方法表

等级	标高中误差 /mm	相邻点高差中误差 /mm	适用范围	观测方法	往返较差、附合或环线闭合差 /mm
一等	±0.3	±0.1	变形特别敏感的高层建筑、高耸构筑物、重要古建筑等	参照国家一等水准测量外,尚需双转点,视线不大于15m,前后视距差≤0.3m,视距累积差不大于1.5m	$0.15\sqrt{n}$
二等	±0.5	±0.3	变形比较敏感的高层建筑、高耸构筑物、古建筑和重要建筑场地的滑坡监测等	一等水准测量	$0.30\sqrt{n}$
三等	±1.0	±0.5	一般性的高层建筑、高耸构筑物、滑坡监测等	二等水准测量	$0.60\sqrt{n}$
四等	±2.0	±1.0	观测精度要求较低的建筑物、构筑物和滑坡监测等	三等水准测量	$1.40\sqrt{n}$

注:n为测站数。

第七节　市政工程施工测量

一、道路工程的施工测量

1.恢复中线测量的方法

道路设计阶段所测设的中线里程桩、JD桩到开工前,一般均有不同程度的碰动或丢失。施工单位要根据定线条件,对丢失桩予以补测,对曾碰动的桩予以校正。这种对道路中线里程桩、JD桩补测和校正的作业叫恢复中线测量。

(1)中线测设城市道路工程恢复中线的测量方法一般采用两种。

1)图解法。在设计图上量取中线与邻近地物相对关系的图解数据,

在实地直接依据这些图解数据来校测和补测中线桩,此法精度较低。

2)解析法。以设计给定的坐标数据或设计给定的某些定线条件作为依据,通过计算测设所需数据并测设,将中线桩校测和补测完毕,此法精度较高,目前多使用此法。

(2)中线调直 根据上述测法,一般一条中线上至少要定出三个中线点,由于不可避免的误差,三个中线点不可能正在一条直线上,而是一个折线,按要求将所定出的三个中线点调整成一条直线。

(3)精度要求。测设时应以附近控制点为准,并用相邻控制点进行校核,控制点与测设点间距不宜大于100m,用光电测距仪时,可放大至200m。道路中线位置的偏差应控制在每100m不应大于5mm。道路工程施工中线桩的间距,直线宜为10～20m,曲线为10m,遇有特殊要求时,应适当加密,包括中线的起(终)点、折点、交点、平(竖)曲线的起终点及中点、整百米桩、施工分界点等。

2.纵断面测量

纵断面测量也叫路线水准测量,其主要任务是根据沿线设置的水准点测定路中线上各里程桩和加桩处的地面高程。然后根据测得的高程和相应的里程桩号绘制成纵断面图。纵断面图是计算填挖土石方量的重要依据。

纵断面测量是依据沿线设置的水准点用附合测法,测出中线上各里程桩和加桩处的地面高程。施测中,为减少仪器下沉的影响,在各测站上应先测完转点前视,再测各中间点的前视,转点上的读数要小数三位,而中间点读数一般只读二位即可。图7-36是一段纵断面实测示意图,表7-5表示了它的记录及计算,图7-37是其纵断面图。

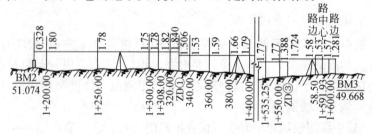

图7-36 纵断面测量

表 7-5　　　　　　　　　　　纵断面测量记录

后视读数 a/m	视线高 H_i/m	前视读数 b/m 转点	前视读数 b/m 中间点	测点 （桩号）	高程 H/m	备 注
0.328	51.502			BM2	51.074	已知高程
			1.80	1+200.00	49.60	
			1.78	1+250.00	49.62	
			1.75	1+300.00	49.65	
			1.78	1+308.70	49.62	ZY3(BC3)
			1.82	1+320.00	49.58	
1.506	51.068	1.840		ZD1	49.562	
			1.53	1+340.00	49.54	
			1.59	1+360.00	49.48	
			1.66	1+380.00	49.41	
			1.79	1+400.00	49.28	
			1.80	1+421.98	49.27	QZ3(MC3)
			1.86	1+440.00	49.21	
1.421	50.611	1.878		ZD2	48.190	
			1.48	1+460.00	49.13	
			1.55	1+480.00	49.06	
			1.56	1+500.00	49.05	
			1.57	1+520.00	49.04	
			1.77	1+535.25	48.84	YZ3(EC3)
			1.77	1+550.00	48.84	
1.724	50.947	1.388		ZD3	49.223	
			1.58	1+584.50	49.37	路边
			1.53	1+591.93	49.42	JD4(IP4)路
			1.57	1+600.00	49.38	中心路边
		1.281		BM3	49.666	已知高程 49.668m
$\sum a=4.979$ $\sum b=6.387$ $\sum h=-1.408$		$\sum b=6.387$			$H_{终}=49.666$ $\dfrac{H_{始}=51.074}{\sum h=-1.408}$	计算校核无误
实测闭合差=49.666-49.668=-0.002m=-2mm 允许闭合差=$\pm 20\sqrt{L}=\pm 20\sqrt{0.4}=13$mm　合格						成果校核合格

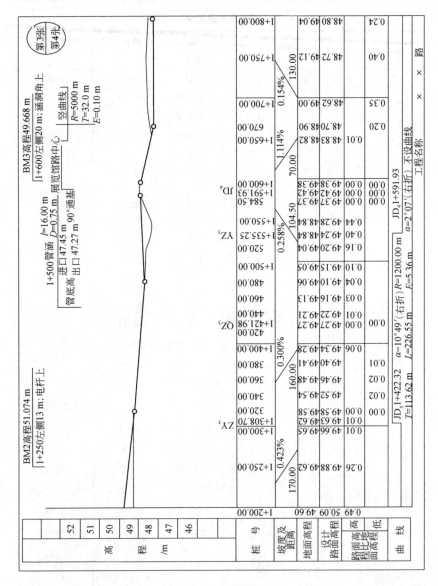

图 7-37 纵断面图

3. 横断面测量

横断面测量的主要任务,是测定各里程桩和加桩处中线两侧地面特征点至中心线的距离和高差,然后绘制横断面图。横断面图表示了垂直中线方向上的地面起伏情况,是计算土(石)方和施工时确定填挖边界的依据。

在横断面测量中,一般要求距离精确至 0.1m,高程精确至 0.05m。因此,横断面测量多采用简易方法以提高工效。横断面测量施测的宽度,根据工程类型、用地宽度及地形情况确定。一般要求在中路两侧各测出用地宽度外至少 5m。

(1)测定横断面的方向。

直线段上的横断方向是指与线路垂直的方向,如图 7-38(a)中的横断面,$a-a'$、$z-z'$、$y-y'$。

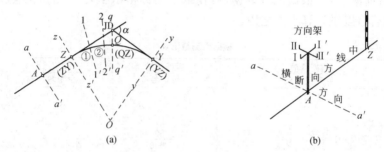

图 7-38 横断面的方向测定

曲线段上的横断方向是指垂直于该点圆弧切线的方向,即指向圆心的方向,如横断面 $1-1'$、$2-2'$、$q-q'$。在地势平坦地段,横断面方向的偏差影响不大,但在地势复杂的山坡地段,横断面方向的偏差会引起断面形状的显著变化,这时应特别注意断面方向的测定。

一般测定直线段上的横断方向时,将方向架立于中线桩上,如图 7-38(b)以ⅠⅠ′轴线对准中线方向,ⅡⅡ′轴线方向即为该桩的横断面方向。

(2)测定横断面上的点位(距离和高程)。横断面上路线中心点的地面高程已在纵断面测量时测出,其余各特征点对中心点的高低变化情况,可用水准仪测出。

如图 7-39 水准仪安置后,以中线地面高为后视,以中线两侧地面特征点为前视,并量出各特征点至中线的水平距离。水准读数到 0.01m,

水平距离读至 0.05m 即可。观测时视线可长至 100m，故安置一次仪器可测几个断面：

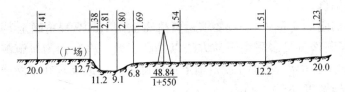

图 7-39　水准仪测横断面

所测数据应按表 7-6 格式记录（注意，记录次序是由下向上，以防左右方向颠倒）。根据记录数据，可在毫米坐标格纸上，按比例展绘横断面形状，以供计算土方之用。

表 7-6　　　　　　　　　　横断面测量记录

前视读数 至中线距离	后视读数 桩　　号	前视读数 至中线距离
(房)$\dfrac{1.60}{14.3}$　$\dfrac{1.25}{8.2}$	$\dfrac{1.50}{1+650}$	$\dfrac{1.45}{3.2}$　$\dfrac{0.70}{4.3}$　$\dfrac{0.65}{20.0}$
(广场)$\dfrac{1.41}{20.0}$　$\dfrac{1.38}{12.7}\dfrac{2.81}{11.2}\dfrac{2.80}{9.1}\dfrac{1.69}{6.8}$	$\dfrac{1.54}{1+550}$	$\dfrac{1.51}{12.2}$　$\dfrac{1.23}{20.0}$

4. 贯穿道路工程施工始终的三项测量放线基本工作

(1) 中线放线测量。

(2) 边线放线测量。

(3) 高程放线测量。

只不过不同的施工阶段三项基本工作内容稍有区别。但在每个里程桩的横断面上，中线桩位与其高程的正确性是根本性的。

5. 边桩放线

路基施工前，要把地面上路基轮廓线表示出来，即把路基与原地面相交的坡脚线找出来，钉上边桩，这就是边桩放线。在实际施工中边桩会被覆盖,往往是测设与边桩连线相平行的边桩控制桩。边桩放线常用方法有两种。

(1)利用路基横断面图放边桩线。

利用路基横断面图放边桩线,也叫图解法。就是根据已"戴好帽子"的横断面设计图或路基设计表,计算出或查出坡脚点离中线桩的距离,用钢尺沿横断面方向实地确定边桩的位置。

(2)根据路基中心填挖高度放边桩线(也叫解析法)。

在施工现场时常出现道路横断面设计图或路基设计表与实际现状发生较大出入,此情况下可根据实际的路基中心填挖高度放边坡线,如图 7-40 所示。

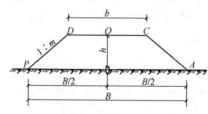

图 7-40 边桩放线

图中　h——中桩填方高度(或挖方深度);

　　　　b——路基宽度;

　　$1:m$——边坡率。

平地路堤坡脚至中桩距离 $B/2$ 计算公式如下:

$$B/2 = h \cdot m + b/2$$

6.路堤边坡的放线

有了边桩(或边桩控制桩)尚不能准确指导施工,还要将边坡坡度在实地表示出来,这种实地标定边坡坡度的测量叫做边坡放线。

边坡放线的方法有多种,比较科学且简便易行的方法有如下两种。

(1)竹竿小线法。

如图 7-41(a)所示,根据设计边坡度计算好竹竿埋置位置,使斜小线满足设计边坡坡度。此法常用边坡护砌中。

(2)坡度尺法。

如图 7-41(b)所示,应按坡度要求回填或开挖,并用坡度尺检查边坡。

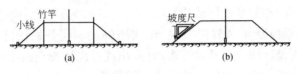

图 7-41 边坡放线

7. 边桩上纵坡设计线的测设

施工边桩一般都是一桩两用,既控制中线位置又控制路面高程,即在桩的侧面测设出该桩的路面中心设计高程线(一般注明改正数)。

图 7-42 表示的是中线北侧的高程桩测设情况。表 7-7 是常用的记录表格。具体测法如下:

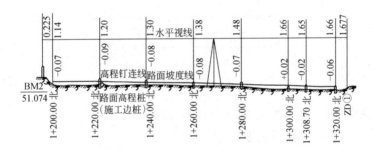

图 7-42 高程桩测设

(1)后视水准点求出视线高。

(2)计算各桩的"应读前视",即立尺于各桩的设计高程上时,应该读的前视读数。

$$应读前视 = 视线高 - 路面设计高程$$

路面设计高程可由纵断面图中查得,也可在某一点的设计高程和坡度推算得到(表 7-7 设计坡度为 8.5‰)。

当第一桩的"应读前视"算出后,也可根据设计坡度和各桩间距算出各桩间的设计高差,然后由第一个桩的"应读前视"直接推算其他各桩的"应读前视"。

表 7-7　　　　　　　　　　　　　高程桩测设记录表

桩　号	后视读数	视线高	前视读数	高程	路面设计高程	应读前视	改正数	备注
BM2	0.225	51.299		51.074				已知高程
1+200.00　北 　　　　　南			1.14 1.17		50.09	1.21	−0.07 −0.04	
1+220.00　北 　　　　　南			1.20 1.22		50.01	1.29	−0.09 −0.07	
1+240.00　北 　　　　　南			1.30 1.27		49.92	1.38	−0.08 −0.11	
1+260.00　北 　　　　　南			1.38 1.41		49.84	1.46	−0.08 −0.05	
1+280.00　北 　　　　　南			1.48 1.46		49.75	1.55	−0.07 −0.09	
1+300.00　北 　　　　　南			1.66 1.62		49.66	1.64	+0.02 −0.02	桩顶低
1+308.70　北 　　　　　南			1.65 1.60		49.63	1.67	−0.02 −0.07	
1+320.00　北 　　　　　南			1.66 1.64		49.58	1.72	−0.06 −0.08	
ZD①			1.77	45.529				

注：上表中桩号后面的"北"和"南"，是指中线北侧和南侧的高程桩。

(3)在各桩顶上立尺，读出桩顶前视读数，算出改正数。

　　　　改正数＝桩顶前视－应读前视

改正数为"－"，表示自桩顶向下量改正数，再钉高程钉或画高程线；改正数为"＋"，表示自桩顶向上量改正数（必要时需另钉一长木桩），然后在桩上钉高程钉或画高程线。

(4)钉好高程钉。应在各钉上立尺检查读数是否等于"应读前视"。误差在 5mm 以内时，认为精度合格，否则应改正高程钉。经过上述工作后，将中线两侧相邻各桩上的高程钉用小线连起，就得到两条与路面设计高程一致的坡度线。

(5)由于每测一段后,另一水准点闭合受两侧地形限制,有时只能在桩的一侧注明桩顶距路中心设计高的改正数,为防止观测或计算中的错误,施工时由施工人员依据改正数量出设计高程位置,或为施工方便量出高于设计高程 20cm 的高程线。

8. 竖曲线、竖曲线形式与测设要素

为了保证行车安全,在路线坡度变化时,按规定用圆曲线连接起来,这种曲线就叫做竖曲线。竖曲线分为两种形式,即凹形和凸形。

其测设要素有曲线长 L、切线长 T 和外矢距 E,由于竖曲线半径很大,而转折角较小,故可以近似的计算 T、L、E。

切线长
$$T = R \times \frac{|(i_2 - i_1)|}{2}$$

曲线长
$$L = R \times |(i_2 - i_1)|$$

外矢距
$$E = \frac{T^2}{2R} = \frac{L^2}{8R}$$

9. 竖曲线的测设

(1)计算竖曲线上各点设计高程。

1)先按直线坡度计算各点坡道设计高 H'_i;

2)计算相应各点竖曲线高程改正数 y_i

$$y_i = \frac{x^2}{2R}$$

式中 x——竖曲线起(终)点到欲求点的距离;

R——竖曲线半径。

3)计算竖曲线上各点设计高程 H_i

$$H_i = H'_i \pm y_i$$

式中 凹形竖曲线用"+"号;

凸形竖曲线用"-"号。

(2)根据计算结果测设已知高程点。

【例 7-1】 如图 7-43 为一竖曲线,计算其测设要素值。

【解】 测设要素值为

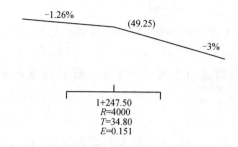

图 7-43 竖曲线

$$T = 4000 \times \frac{|-3\% - (-1.26\%)|}{2} = 34.80\text{m}$$

$$L = 4000 \times |-3\% - (-1.26\%)| = 69.60\text{m}$$

$$E = (34.80)^2 / 2 \times 4000 = 0.151\text{m}$$

其他计算如表 7-8 所示。

表 7-8　　　　　　　　竖曲线测设要素值

桩 号	x	坡线高程	竖曲线改正数	路面高程	备 注
1+212.70	0.00	49.688	0.000	49.69	
1+220.00	7.30	49.596	−0.007	49.59	
1+230.00	17.30	49.470	−0.037	49.43	
1+240.00	27.30	49.470	−0.037	49.43	
1+247.50	34.80	49.25	−0.151	49.10	变坡点
1+250.00	32.30	49.175	−0.130	49.04	
1+260.00	22.30	49.875	−0.062	48.81	
1+270.00	12.30	48.575	−0.019	48.56	
1+282.30	0.00	48.206	0.000	48.21	

10. 路面施工阶段测量工作的主要内容

(1)路面施工阶段的测量工作主要内容。

1)恢复中线。中线位置的观测误差应控制在 5mm 之内。

2)高程测量。高程标志线在铺设面层时,应控制在 5mm 之内。

3)测量边线。使用钢尺丈量时测量误差应控制在 5mm 之内。

(2) 路面边桩放线主要方法。

1) 根据已恢复的中线位置,使用钢尺测设边柱,量距时注意方向并考虑横坡因素;

2) 计算边桩的城市坐标值,以及附近导线或控制桩、测设边桩位置。

11. 路拱曲线的测设

找出路中心线后,从路中心向左右两侧每 50cm 标出一个点位。在路两侧边桩旁插上竹竿(钢筋),依据所画高程线或所注改正数,从边桩上画出高于设计高 10cm 的标志,按标志用小线将两桩连起,得到一条水平线,如图 7-44 所示。

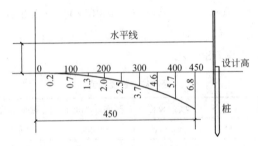

图 7-44 路拱曲线的测设

检测的依据是设计提供的路拱大样图上所列数据,用盒钢尺从中线起向两侧每 50cm 检测一点。盒钢尺零端放在路面,向上量至小线看是否符合设计数据。

如图 7-44 所示,在 0 点(路中心线)位置,所量距离应是 10cm,在 2m 处应是 12cm,在 4.5m 处应是 16.8cm。

沥青面层横断面高程允许偏差为 ±1cm 且横坡误差不大于 0.3%。如在 2m 处高程低了 0.5cm,在 2.5m 处高程又高了 0.5cm,虽然两处高程误差均在允许范围内,但两点之间坡度误差是 $1/50 = 2\%$,已大于 0.3%,因而不合格。

在路面宽度小于 15m 时,一般每幅检测 5 点即可,即中心线一点,路缘石内侧各一点,抛物线与直线相接处或两侧 1/4 处各一点。路面大于 15m 或有特殊要求时应按有关规定检测或使用水准仪实测。

二、管道工程的施工测量

1. 槽口放线

槽口放线的任务是根据设计要求的埋深、土层情况和管径大小等计算出开槽宽度,并在地面上定出槽边线的位置,作为开槽的依据。

当横断面比较平坦时,如图 7-45(a)所示,槽口宽度按式(7-12)计算

半槽口宽度 $\qquad D_左 = D_右 = \dfrac{b}{2} + mh \qquad$ (7-12)

当槽断面倾斜较大时,中线两侧槽口宽度就不一致,应分别按下式计算或用图解法求出,如图 7-45(b)所示。

半槽口宽度 $\quad D_左 = \dfrac{b}{2} + m_2 h_2 + m_3 h_3 + c$

$$D_右 = \dfrac{b}{2} + m_1 h_1 + m_3 h_3 + c$$

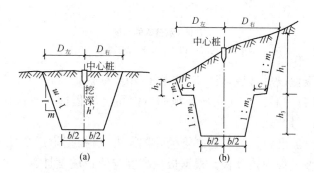

图 7-45 槽口放线
(a)横断面较平坦时;(b)横断面倾斜较大时

2. 坡度控制标志的测设

管道施工中的测量工作,主要是控制管道的中线和高程位置。因此,在开槽前后应设置控制管道中线和高程位置的施工标志,以便按设计要求进行施工。比较常用的有以下两种方法。

(1)坡度板法。

1)埋设坡度板及投测中心钉。坡度板法是控制管道中线和构筑物

位置,掌握管道设计高程的常用方法,坡度板一般均跨槽埋设,如图7-46(a)所示。

坡度板应根据工程进程要求及时埋设,当槽深在2.5m以内时,应于开槽前在槽口上每隔10~20m埋设一块坡度板,如遇检查井、支线等构筑物时,应加设坡度板。当槽深在2.5m以上时,应待槽挖到距槽底2m左右时再在槽内埋设坡度板,如图7-46(b)所示。坡度板要埋设牢固,板面要保持水平。

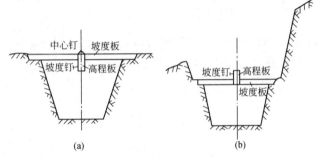

图7-46 坡度板的埋设
(a)槽深在2.5m以内;(b)槽深在2.5m以上

坡度板埋设后,以中线控制桩为准,用经纬仪把管道中心线投测到板上面,并钉中心钉。并在坡度板的侧面写上里程桩号或检查井等附属构筑物的号数。

2)测设坡度钉。为了控制管槽开挖深度,应根据附近水准点,用水准仪测出坡度板板顶高程。根据板顶高度与管道坡度计算该处的管道设计高程之差,即为由坡度板顶往下开挖的深度。但由于地面有起伏,所以各坡度板顶向下开挖的深度都不一致,对掌握施工中管底的高程和坡度都很不方便。为此,需在坡度板上中线的一侧设置坡度立板,称为高程板,在高程板侧面测设一坡度钉,使各坡度板上坡度钉的连线平行于管道设计坡度线,并距离槽底设计高程为一整分米数,称为下反数,如图7-47所示。施工时,利用这条线就可以比较灵活方便地来检查、控制管道坡度和高程。

测设坡度钉的方法灵活多样,其基本原理是进行高程的放样。具体测设时是先计算各坡度板处的管底设计标高以及根据现场情况所选

第七章 建筑施工测量 · 195 ·

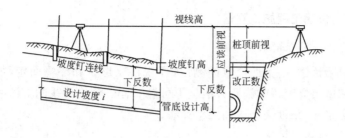

图 7-47 测设坡度钉

定的下反数计算出坡度钉的高程,然后根据已知水准控制点进行测设坡度钉。

(2)平行轴腰桩法。

当现场条件不便采用坡度板时,对精度要求较低的管道,可采用平行轴腰桩法来测设坡度控制标志,其步骤如下。

1)测设平行轴线桩。开工前先在中线一侧或两侧,于管槽边线之外测设一排平行轴线桩,平行轴线桩与管道中心线相距 a,各桩间距在 20m 左右。各检查井位置也相应地在平行轴线上设桩。

2)钉腰桩。为了比较准确地控制管道中线和高程,在槽坡上(距槽底 1m 左右)再钉一排与平行轴线相应的平行轴线桩,使其与管道中线的间距为 b,这样的桩称为腰桩,如图 7-48 所示。

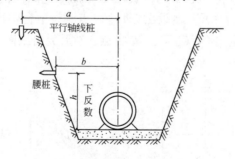

图 7-48 平行轴腰桩法测设坡度控制标志

3)引测腰桩高程。腰桩钉好后,用水准仪测出各腰桩的高程,腰桩高程与该处相对应的管底设计高程之差 h,即是下反数。施工时,用各腰桩的 b 和 h 即可控制埋设管道的中线和高程。

二、桥涵工程施工测量

1. 桥(涵)位的放线

对于桥墩、台平面位置的测设,要视桥梁形状和环境而定,如跨河桥梁和城市立交桥的施测方法就不可能一样。桥位放线的方法主要有直接丈量法、角度交会法和极坐标法。

(1)直接丈量法。

按桥墩、桥台中心桩桩号,计算其间距。依据控制桩依次直接测设出墩、台中心点位置。

(2)角度交会法。

当墩柱位于水中,在没有测距仪不便直接丈量时,可利用控制网的控制点,用角度交会法测设各墩柱中心位置。

(3)极坐标法。

按设计给定的墩、台坐标(或计算的结果)与已测设的控制网控制点坐标,计算出测设所需的角度和距离,依次测设各墩、台中心位置。

2. 桩基桩位的放线

桥墩柱、桥台的基础多为群桩或排桩,测设出各墩、台中心位置后,还需测设出各个灌注桩(或预制桩的)桩位。

如图7-49所示,根据桩基位置在同一轴线的条件,使用控制网的控制桩将 O 点(墩、台中心)测设出;通过 O 点测设墩台轴线;根据桩基之间的设计间距,定出 O_1、O_2、O_3、O_4 各点。然后放出纵横轴线控制桩。

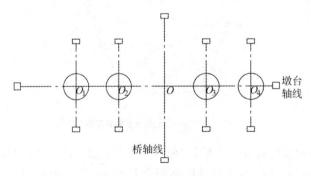

图 7-49 桥墩轴线控制

也可依据桥控制网的控制桩,使用极坐标法(特别是弯桥桩基)直接依次测设出 O_1、O_2、O_3、O_4 各点。然后测出纵横轴线控制桩。

3. 预制构件吊装时的竖向校测

预制混凝土柱(如过街天桥)、钢管柱(如匝道桥)等构件吊装时,要进行竖向校测,以保证构件铅直。

两台经纬仪安置在互相垂直的轴线引点上,当构件起吊基本就位后,经纬仪以杯口中线或法兰盘十字线为准,俯仰望远镜,对预制构件上弹好的竖直中心线(或上下中心点),进行正倒镜反复观测,校正到构件满足铅直条件为止。

校测注意事项:

(1)事先经纬仪应进行检校。

(2)两架仪器应尽可能安置在相互垂直的两条轴线上,违反此规定将有可能产生不良后果。

4. 锥形护坡的放线

桥台两边的护坡为 1/4 锥体,坡脚和基础边线平面形成 1/4 椭圆。放线具体方法一般采用坐标法(锥形护坡如图 7-50 所示)。

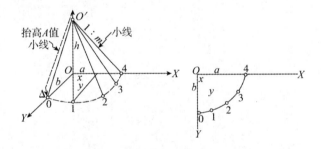

图 7-50　锥形护坡

(1)确定长轴和短轴。

长轴 $a=mh$,m——长向坡度,h——锥坡高度;

短轴 $b=nh$,n——短向坡度,h——锥坡高度。

(2)计算椭圆在坐标系中的各点坐标(设定 x 值,按公式计算 y 值)。

$$y = \frac{b}{u}\sqrt{(a^2-x^2)}H'_i$$

(3)按坐标值实地测设坡脚位置。

(4)在坐标轴原点 O 上方 h 高度处,设立 O' 标志,用小线与坡顶相连,即构成护坡砌筑控制线(为使用方便,一般均抬高 Δ 值,挂线)。

第八章 竣工测量及地形测绘

第一节 地形图测绘

一、碎部点平面位置的测绘

1. 极坐标法

如图 8-1 所示,测定测站点至碎部点方向和测站点至后视点(另一个控制点)方向间的水平角 β,测定测站至碎部点的距离 D,便能确定碎部点的平面位置。这就是极坐标法。极坐标法是碎部测量最基本的方法。

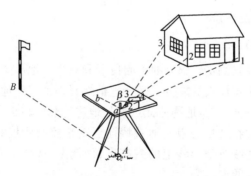

图 8-1 极坐标法测量碎部点的平面位置

2. 方向交会法

如图 8-2 所示,测定测站 A 至碎部点方向和测站 A 至后视点 B 方向间的水平角 β_1,测定测站 B 至碎部点方向和测站 B 至后视点 A 方向间的水平角 β_2,便能确定碎部点的平面位置。这就是方向交会法。当碎部点距测站较远,或遇河流、水田及其他情况等人员不便达到时,可用此法。

3. 距离交会法

如图 8-3 所示,测定已知点 1 至碎部点 M 的距离 D_1、已知点 2 至

M 的距离 D_2，便能确定碎部点 M 的平面位置。这就是距离交会法。此处已知点不一定是测站点，可能是已测定出平面位置的碎部点。

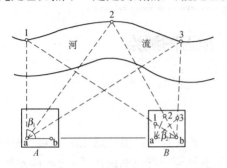

图 8-2　方向交会法测量碎部点的平面位置

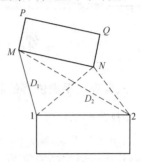

图 8-3　距离交会法测量碎部点的平面位置

二、经纬仪测绘法

1. 碎部点的采集

碎部测量就是测定碎部点的平面位置和高程。地形图的质量在很大程度上取决于司尺人员能否正确合理地选择地形点。地形点应选在地物或地貌的特征点上，地物特征点就是地物轮廓的转折、交叉等变化处的点及独立地物的中心点。地貌特征点就是控制地貌的山脊线、山谷线和倾斜变化线等地形线上的最高点、最低点、坡度和方向变化处、山头和鞍部等处的点。

地形点的密度主要取决于地形的复杂程度，也取决于测图比例尺和测图的目的。测绘不同比例尺的地形图，对碎部点间距以及碎部点距测站的最远距离有不同的限制。表 8-1 和表 8-2 给出了地形点最大间距以及视距测量方法测量距离时的最大视距的允许值。

表 8-1　　　　　　地形点最大间距和最大视距（一般地区）

测图比例尺	地形点最大间距/m	最大视距/m	
		主要地物特征点	次要地物特征点
1∶500	15	60	100
1∶1000	30	100	150
1∶2000	50	130	250
1∶5000	100	300	350

表 8-2　　　　　　　　地形点最大间距和最大视距(城镇建筑区)

测图比例尺	地形点最大间距/m	最大视距/m	
		主要地物特征点	次要地物特征点
1∶500	15	50	70
1∶1000	30	80	120
1∶2000	50	120	200

2. 测站的测绘

经纬仪测绘法的实质是极坐标法。先将经纬仪安置在测站上,绘图板安置于测站旁边。用经纬仪测定碎部点方向与已知方向之间的水平角,并以视距测量方法测定测站点至碎部点的距离和碎部点的高程。然后根据数据用半圆仪和比例尺把碎部点的平面位置展绘于图纸上,并在点的右侧注记高程,对照实地勾绘地形。全站仪代替经纬仪测绘地形图的方法,称为全站仪测绘法。其测绘步骤和过程与经纬仪法类似。

经纬仪测绘法测图操作简单、灵活,适用于各种类型的测区。以下介绍经纬仪测绘法一个测站的测绘工作程序。

(1)安置仪器和图板。将经纬仪安置于测站点(控制点)上,进行对中和整平。量取仪器高 i,测量竖盘指标差 x。记录员在碎部测量手簿中记录,包括表头的其他内容。绘图员在测站旁边安置好图板并准备好图纸,在图上相应点的位置设置好半圆仪。

(2)定向。经纬仪置于盘左的位置,照准另外一已知控制点以作为后视方向,置水平度盘 $0°00'00''$。绘图员在图上同名方向上画一短直线,短直线过半圆仪的半径,作为半圆仪读数的基准线。

(3)立尺。司尺员依次将视距尺立在地物、地貌特征点上。立尺时,司尺员应弄清实测范围和实地概略情况,选定立尺点,并与观测员、绘图员共同商定跑尺路线。

(4)观测。观测员照准视距尺,读取水平角、视距、中丝读数和竖盘垂直角读数。

(5)计算、记录。记录员使用计算器根据视距测量计算式编辑程序,依据视距、中丝读数、竖盘读数和竖盘指标差 x、仪器高 i、测站高程,计算出平距和高程,报给绘图员。对于有特殊作用的碎部点,如房角、山头、鞍部等,应记录并加以说明。

(6)展绘碎部点。绘图员根据观测员读出的水平角,转动半圆仪,将半圆仪上等于所读水平角值的刻画线对准基准线,此时半圆仪零刻画方向即为该碎部点的图上方向。根据计算出来的平距和高程,依照绘图比例尺在图上定出碎部点的位置,用铅笔在图上点示,并在点的右侧注记高程。同时,应将有关地形点连接起来,并注意检查测点是否有错。

(7)测站检查。为了保证测图正确、顺利地进行,必须在新测站工作开始时进行测站检查。检查方法是在新测站上测量已测过的地形点,检查重复点精度在限差内即可。否则,应检查测站点是否展错。此外,在工作中间和结束前,观测员可利用时间间隙照准后视点进行归零检查,归零差应不大于 $4'$。在测站工作结束时,应检查确认本站的地物、地貌没有错测和漏测的部分,把一站工作清理完成后方可将仪器搬至下站。

测图时还应注意,一个测区往往是分成若干幅图在进行测量,为了和相邻图幅拼接,本幅图应向图廓以外多测 5mm。

三、地形图的绘制

外业工作中,当碎部点展绘在图纸上后,就可以对照实地随时描绘地物和等高线。

1. 地物描绘

地物应按地形图图式规定的符号表示。房屋轮廓应用直线连接,而道路、河流的弯曲部分应逐点连成光滑曲线。不能依比例描绘的地物,应按规定的非比例符号表示。

2. 等高线的勾绘

勾绘等高线时,首先用铅笔轻轻描绘出山脊线、山谷线等地性线,再根据碎部点的高程勾绘等高线。不能用等高线表示的地貌,如悬崖、陡崖、土堆、冲沟、雨裂等,应按图式规定的符号表示。

由于碎部点是选在地面坡度变化处,因此相邻点之间可视为均匀坡度,这样可在两相邻碎部点的连线上,按平距与高差成比例的关系,内插出两点间各条等高线通过的位置。如图 8-4(a)所示,地面上两碎

部点 C 和 A 的高程分别为 202.8m、207.4m，若取基本等高距为 1m，则其间有高程为 203m、204m、205m、206m 及 207m 等五条等高线通过。根据平距与高差成正比的原理，先目估定出高程为 203m 的 m 点和高程为 207m 的 q 点，然后将 mq 的距离四等分，定出高程为 204m、205m、206m 的 n、o、p 点。同法定出其他相邻两碎部点间等高线应通过的位置。将高程相等的相邻点连成光滑的曲线，即为等高线，结果如图 8-4(b)所示。

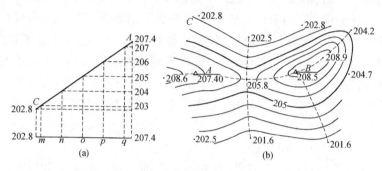

图 8-4　等高线的勾绘

勾绘等高线时，应对照实地情况，先画计曲线，后画首曲线，并注意等高线通过山脊线、山谷线的走向。

第二节　竣工测量及竣工图绘制

一、建筑竣工图绘制

1. 竣工总平面图的内容

(1)竣工总平面图的内容。

竣工总平面图的内容包括承建工程的地上建筑物和地下构筑物竣工后的平面位置及高程，凡按设计坐标定位施工的工程，应先在竣工总平面图的底图上绘制方格网，把地上的控制点也展绘在图上，并说明所采用的坐标系统及高程系统；若建筑物定位点的实测坐标与设计坐标之差超过规范规定的允许值，应把实测坐标也标注在图上。对于无坐标值的附属部分，应把它与主要建筑物的相对尺寸标注在图上。

凡按与现有建筑物的关系定位施工的工程,应把实测的定位关系数据标注在图上。

对于在施工现场由设计部门或建设单位指定施工位置的工程竣工后应进行现状图测绘,并把主要的实测数据标注在图上。

(2)竣工总平面图的分类。

对于建筑范围较大,建筑物较复杂的工程,如将测区所有地上建筑物和地下构筑物都绘在一张总平面图上,这样将会造成图上的内容太多,线条密集,不易辨认。此时,为了图面清晰醒目,便于使用,可根据工程建筑物的密集与复杂程度,按工程性质分类编绘竣工总平面图。比如把地上、地下分类编绘,把房屋与道路分类编绘,把上、下水道与其他管道分类编绘等,最后可以形成分类总平面图。例如,综合竣工总平面图、工业管线竣工总平面图、分类管道竣工平面图及厂区铁路和道路竣工总平面图等。

(3)竣工总平面图的附件。

为了全面反映竣工成果,与竣工总平面图有关的一系列资料应作为附件提交。这些资料主要有:

1)建筑场地原始地形图。
2)设计变更文件及设计变更图。
3)建筑物定位、放线,检查及竣工测量资料。
4)建筑物沉降观测与变形观测资料。
5)各种管线竣工纵断面图等。

2. 竣工总平面图编绘方法

新建的企业竣工总平面图最好是随着工程的陆续竣工相继进行编绘。一面竣工,一面利用竣工测量成果进行编绘。如发现问题,特别是地下管线的问题,就应及时到现场查对,使竣工总平面图能真实地反映实地情况。

竣工总平面图的编绘,一般包括竣工测量和室内展点编绘两方面的内容。

(1)竣工测量。建筑物和构造物竣工验收时进行的测量工作,称为竣工测量。竣工测量可以利用施工期间使用的平面控制点和水准点进行施测。如原有控制点不够使用时,应补测控制点。对于主要建筑物的墙角、地下管线的转折点、窨井中心、道路交叉点、架空管网的转折点、结点及烟囱中心等重要地物点的竣工位置,应根据控制点采用极坐标法或直角坐标法实测其坐标;对于主要建筑物和构筑物的室内地坪、上水道管顶、下水道管底、道路变坡点等,可用水准测量的方法测定其高程;一般地物、地貌则按地形图要求进行测绘。

(2)竣工总平面图的室内编绘。竣工总平面图应包括测量控制点、厂房、辅助设施、生活福利设施、架空与地下管线、道路等建筑物和构筑物的坐标、高程,以及厂区内净空地带和尚未兴建区域的地物、地貌等内容。竣工总平面图的室内编绘方法如下。

1)首先在图纸上绘制坐标方格网,图纸上方格网的方格一般为10cm×10cm。一般使用两脚规和比例尺来绘制,其精度要求与地形测图的坐标格网相同,图廓对角线的允许误差为±1mm。

2)展绘控制点:坐标方格网画好后,标定出纵横各方格网点的坐标值,将施工控制点按坐标值展绘在图上。图上展点对邻近的方格点而言,其允许误差为±0.3mm。

3)展绘设计总平面图:根据坐标方格网,将设计总平面图的图面内容按其设计坐标,用铅笔展绘于图纸上,作为底图。实际上就是一幅重新绘制的设计总平面图。

4)展绘竣工总平面图。

①根据设计资料展绘。凡按设计坐标定位施工的工程,应以测量定位资料为依据,按设计坐标(或相对尺寸)和标高展绘。建筑物和构筑物的拐角、起止点、转折点应根据坐标数据展点成图,对建筑物和构筑物的附属部分,如无设计坐标,就可用相对尺寸绘制。若原设计变更,则应根据设计变更资料编绘。

②根据竣工测量资料或施工检查测量资料展绘。在工业与民用建筑施工中,在每一个单位工程完成后,应该进行竣工测量,并提出该工程的竣工测量成果。对凡有竣工测量资料的工程,若竣工测量成果与设计值之比差不超过所规定的定位容许误差时,按设计值编绘,否则,应按竣工测量资料编绘。

根据上述资料编绘成图时,对于厂房应使用黑色墨线绘出该工程的竣工位置,并应在图上注明工程名称、坐标和高程及有关说明。对于各种地上、地下管线,应用各种不同颜色的墨线绘出其中心位置,注明转折点及井位的坐标、高程及有关说明。在一般没有设计变更的情况下,墨线的竣工位置与按设计原图用铅笔绘的设计位置应重合,但其坐标及高程数据与设计值比较可能稍有出入。随着施工的进展,逐渐在底图上将铅笔线都绘成墨线。

③现场实测。对于直接在现场指定位置进行施工的工程,以固定物定位施工的工程,多次变更设计而无法查对的工程,竣工现场的竖向布置、围墙和绿化情况,施工后尚保留的大型临时设施以及竣工后的地貌情况,都应根据施工控制网进行实测,加以补充。外业实测时,必须在现场绘出草图,最后根据实测成果和草图,在室内进行补充展绘,便成为完整的竣工总平面图。

对于需要分类编绘的大型工程和较复杂的工程,可以根据实际情况,按照实际需要分类编绘,例如,综合竣工总平面图、工业管线竣工总平面图、分类管道竣工平面图及厂区铁路、道路竣工总平面图等。

二、市政工程竣工测量

1. 市政工程竣工测量工作内容

(1)道路中心线的起点、终点、转折点及交叉路口等的平面位置坐标和高程。

(2)地上和地下各种管线中心线的起点、终点、折点、交叉点、变坡点、变径点等的平面位置坐标及高程。

(3)地上和地下各种建(构)筑物的平面位置坐标、几何尺寸和高程等。

(4)地下管线调查。

(5)将所测各点位坐标、高程及其他有关资料综合成竣工测量成果表。

(6)将已竣工工程展绘到相应的1:500带状地形图上,或展绘在1:500基本地形图上,成为竣工图。

2. 编制(绘制)市政工程竣工图的技术要求

各种专业竣工图的绘制内容、图示、格式等,均按国家、专业系统相应的有关标准、规定、通则的要求进行绘制。各类竣工图的绘制应符合如下要求。

(1)各类专业工程的总平面位置图。

比例尺一般采用1∶1000～1∶500。此图的绘制应以地形图为依托(基础图),该地形图的技术要求应符合《城市测量规范》(CJJ/T 8—2011)及本地区专业管理部门的有关规定,其内容可适当简化(择要地形、地物),图上应标绘坐标方格网并择点注记其坐标数据。总平面位置图的工程内容,一般应包括：

1)工程总体布局与其相关的主要道路、单位、工厂及工程的名称。

2)工程定位数据(必须是竣工实测)如工程起止端、折点的坐标或相关物的距离,与道路规划永中(永久中线的简称)或路中的距离,工程边界线等。

3)有关规划设计参数,如占地面积等。

4)必要的文字说明。

5)图例。

6)指北针。

(2)管线工程平面图。

比例尺一般采用1∶2000～1∶500。此图的绘制与上述绘制总平面位置图的要求相同。管线工程平面图的工程内容除绘制如下所述总平面位置图的内容外还应绘制如下内容。

1)管线走向、管径(断面)、附属设施(检查井、人孔等)、里程、长度等,及主要点位的坐标数据。

2)主体工程与附属设施的相对距离及竣工测量数据。

3)现状地下管线及其管径、高程。

4)道路永中、路中、轴线、规划红线等。

5)预留管、口及其高程、断面尺寸和所连接管线系统的名称。下列管线工程在平面图上的表示方法：

①利用原建管线位置进行改建、扩建管线工程,在平面图上要表示原建管线的走向、管材和管径,表示方法可加注符号或文字说明。

②随新建管线而废弃的管线,无论是否移出埋设现场,均应在平面图上加以说明,并注明废弃管线的起止点。

(3)管线工程纵断面图。

按照不同的专业采用不同的图标,其图示内容必须包括相关的现状管线、构筑物(注明管径、高程等),及根据专业管理的要求补充必要的内容。

(4)管线竣工测量资料与其在竣工图上的编绘。

1)竣工测量资料的技术要求应符合地下管线竣工测量技术规定和地下人防工程竣工测量技术规定。

2)各种专业管线的竣工施测,以"解析法"(坐标法)为基本方法,远郊区一般性工程因地处施测条件困难,可采用"图解法"(栓点法)。

3)竣工测量资料的测点编号、数据及反映的工程内容(指设备点、折点、变径点、变坡点等)应与竣工图相对应一致。

4)采用"图解法"施测,其用图比例尺应不小于1∶500;当采用较小比例尺时,应择点绘大样图(点志记)。

5)测量观测点(测点)的布设,应按照管线专业的要求准确地反映管线的平面、竖向及附属设施等的特征点的位置,一般测点应包括:

①管线起点、终点、折点、分支点、变径点、变坡点、管线材质更换点等。

②检查井、小室、人孔、管件、进出口、预留管(口)等。

③与沿线其他管线、设施相交叉点。

④管线直线段两点之间距离较长且无其他点时应适当增设测点,其点间最大距离不得超过150m(远郊区200m)。

3.绘制市政工程竣工图的基本方法

绘制竣工图以施工图为基本依据,视施工图改动的不同情况重新绘制或利用施工图改绘成竣工图。

(1)重新绘制。

如下情况,应重新绘制竣工图。

1)施工图纸不完整,而具备必要的竣工文件材料。

2)施工图纸改动部分在同一幅图中覆盖面积超过三分之一,及不宜利用施工图改绘清楚的图纸。

3)各种地下管线(小型管线除外)。

(2)利用施工图改绘竣工图。

如下情况,可利用施工图改绘成竣工图。

1)具备完整的施工图纸。

2)局部变动,如结构尺寸、简单数据、工程材料、设备型号等及其他不属于工程图形改动并可改绘清楚的图纸。

3)施工图图形改动部分在同一幅图中覆盖图纸面积不超过三分之一。

4)各专业小型管线(如小区支、户线)工程改动部分不超过工程总长度的五分之一(超过五分之一应重新绘制)。

(3)绘制竣工图应注意的问题。

1)洽商记录的附图,应作为竣工图的补充,如绘制质量不合格应重新绘制。

2)属于改动图形的洽商记录,而内容超出其相应施工图的范围应补充绘图。

3)重复变更的图纸,应按最终变更的结果绘图。

4)绘制管线工程竣工图,所需数据必须是合格的竣工测量成果。

5)采用标准图、通用图(一般在图纸中标注了图型号)作为施工图的只需把有改动的图纸按要求绘制竣工图,其余不再绘图,也不编入竣工文件材料中。

6)无论采用何种绘制竣工图的方法,均须绘制竣工图标题栏。

附录　测量放线工职业技能考核模拟试题

一、填空题(10题,20%)

1. 当十字丝成像清晰,而目标影像有视差时,主要应调节　__物镜__　以消除视差,提高照准精度。

2. 施工场地内设置的高程控制点,每年　__开春后__　与雨季后应各复测一遍,以检查其高程有无变动。

3. 测量仪器应存放在通风、干燥、__温度稳定__　处,且不得靠近火炉和暖气管。

4. 当经纬仪照准时,用　__十字双线__　夹准目标比用十字单线平分目标效果好。

5. 误差(或中误差)的绝对值与其真值(或平均值)之比通常用1/N的形式表示,叫作　__精度__　(或相对误差)。

6. 路线里程桩表示该点至路线起点(0+000)的　__中线长度__　,也标定路线中线的实地位置。

7. 建(构)筑物定位的基本内容是根据设计要求在地面上定出建(构)筑物的主轴线或　__中线位置__　作为建(构)筑物细部定位的依据。

8. 在施工放线中,一条主轴线或中线上至少要定出3个点,一个矩形建(构)筑物至少也要定出　__3个点__　,以便校核。

9. 某建筑物首层地坪标高±0.000mm,其绝对高程为45.800m,已测得建筑物附近路面某点A的高程为44.600m。则A点相对高程为　__−1.200m__　。

10. 根据国家制图标准规定:除建筑总平面图与高程的尺寸以米(m)为单位,其余图纸上的尺寸均以　__毫米(mm)__　为单位。

二、判断题(10题,10%)

1. 施工图上所注尺寸是建筑物的设计尺寸。按照国家标准,图纸上高程和总平面图的尺寸是以米(m)为单位,其余尺寸一律以毫米(mm)为单位。　　　　　　　　　　　　　　　　　　　　(√)

2. 施工测量前准备工作的目的是,了解工程总体情况,取得正确的

测量起始依据,为制订施测方案与布置施工场地收集资料。 (√)

3. 水准点是建筑物高程定位的依据,使用前一定要进行校测,以防止用错点位与高程。 (√)

4. 相对标高是以新建建筑物的首层室外散水的高度为±0.000。 (×)

5. 建筑物首层地坪常定为假定水准面,在假定水准面以上点的高差为正值,在该面以下点的高差为负值。 (×)

6. 正北、正东、正南、正西方向的方位角 ϕ 分别为 $0°$、$90°$、$180°$、$270°$。 (√)

7. 高差法和视线高法计算欲求 B 点高程 H_B 的公式是 $H_B = H_A +$ 高差 h_{AB} 和 $H_B =$ 视线高 $H_i -$ 前视读数 b。 (√)

8. 水准测量中,用双镜位法或双镜对测量法作测站校核,但一般要求两次仪器的视线高之差不大于 10 cm。 (×)

9. 在水准测量中,起传递高程作用的点,它是一个站的前视点又作为下一个站的后视点,这种点叫做转点。 (√)

10. 水准仪望远镜的主要作用是照准目标并读取水准尺上的水准读数。 (×)

三、选择题(20题,40%)

1. 表明建筑红线、工程的总体布置及其周围的原地形情况的施工图是__C__。它是新建建筑物确定位置、确定高程及施工场地布置的基本依据。

    A. 基础平面图   B. 建筑平面图
    C. 总平面图   D. 建筑施工图

2. 建筑平面图上的尺寸,一般标有三道,最外处为总包尺寸,中间为__C__尺寸,最里处为细部尺寸。

    A. 结构   B. 做法   C. 轴线   D. 局部

3. 建筑物外廓尺寸、轴线间距尺寸、门窗洞及墙垛的尺寸、墙厚、柱子的平面尺寸、图纸比例等在__B__中表示。

    A. 总平面图   B. 建筑平面图   C. 立面图   D. 剖面图

4. 表示建筑物局部构造和节点的施工图是__C__。

A. 标准图   B. 剖面图   C. 详图   D. 平面图

5.测量平面直角坐标系与数学直角坐标系有 3 点不同：①测量坐标系以过原点的子午线为 X 轴，②测量坐标系以 X 轴正向为始边__C__，③测量坐标系原点坐标为两个大正整数。

  A. 逆时针定方位角与象限   B. 逆时针定象限角与象限

  C. 顺时针定方位角与象限   D. 顺时针定象限角与象限

6.已知 A、B 两点的高程分别为 $H_A=125.777$m、$H_B=158.888$m，则 B 点对 A 点的高差 $h_{AB}=$ __C__ m。

  A. ±33.111   B. −33.111

  C. +33.111   D. 284.666

7.用定平螺旋定平水准气泡时，螺旋的转动与气泡的移动关系是__D__。

  A. 左手拇指转动定平螺旋的方向与气泡移动方向一致

  B. 左手拇指转动定平螺旋的方向与气泡移动方向相反

  C. 右手拇指转动定平螺旋的方向与气泡移动方向相反

  D. A+C

8.视准轴是指__B__的连线。

  A. 目镜中心与物镜中心

  B. 十字丝中央交点与物镜光心

  C. 目镜光中心与十字丝中央交点

  D. 十字丝中央交点与物镜中心

9.消除视差的目的是__B__。

  A. 调节望远镜亮度

  B. 使目标成像正落在十字丝平面上

  C. 使十字丝清晰

  D. 使目标成像放大

10.__A__是指水平视线在已知高程点上水准尺读数。

  A. 后视读数   B. 前视读数

  C. 水准尺读数   D. 中视读数

11.水准测量安置一次仪器，测出多个欲求点高程，这些点具备__B__的特点，叫作中间点。

①只有前视读数　②高程相同　③求自身高程　④前视读数相同　⑤不传递高程

　A. ①②③　　　B. ①③⑤　　　C. ②③⑤　　　D. ③④⑤

12. 从已知高程点 $A(H_A=100.000\text{m})$ 经 4 个测站到达另一已知点 $B(H_B=105.745\text{m})$，每站高差依次为 2.405m、−0.470m、1.274m 和 2.546m。若允许闭合差为 $\pm 6\sqrt{n}$ mm，则该水准路线的实测闭合差和允许闭合差为__A__。

　A. +10mm、±12mm　　　　　B. +10mm、12mm
　C. −10mm、±12mm　　　　　D. −10mm、12mm

13. 用经纬仪延长直线遇障碍物时处理方法有__A__。
①三角形法　②正倒镜法　③矩形法　④相似三角形法
　A. ①③　　　B. ①②　　　C. ②④　　　D. ③④

14. 钢尺量距的下列误差中，属于系统误差的有__D__。
①尺长不准　②定线不直　③读数有错　④风吹尺弯　⑤尺端对 0m 不准　⑥气温过高
　A. ①②③⑥　　　　　　　B. ②④⑤⑥
　C. ①②④⑤　　　　　　　D. ①②④⑥

15. 角度交会法测设点位适用条件是__B__。
　A. 通视良好
　B. 距离较长、地形较复杂、通视但不便量距的情况
　C. 精度要求较高
　D. 建筑场地较大、建筑物复杂

16. __D__是直角坐标法测设点位的主要优点。
　A. 操作简便、可不用经纬仪、测设速度快、精度可靠
　B. 量距测角简便
　C. 只要通视、易量距、安置一次仪器可测设多个点。适用范围广，精度均匀
　D. 计算简便、施测方便、精度可靠

17. 用经纬仪测设倾斜平面时的公式是 $\tan\theta = i \cdot \sin\beta$，式中 θ 与 i 是__B__。
　A. 竖直角与仪器高　　　　　B. 竖直角与坡度

C. 水平角与坡度   D. 水平角与仪器高

18. 水准测量每公里的高差中误差的决定因素是 __B__ 。

①照准误差   ②外界环境误差   ③视线 i 角误差   ④人为误差   ⑤读数误差   ⑥水准尺该划误差

     A. ①②④⑤   B. ①③⑤⑥

     C. ②③④⑤   D. ①②③⑥

19. 在建筑施工测量中,用极坐标法测设圆曲线辅点时,一般要求分弧等长,对应计算弦切角(偏角)Δ 和弦长 C 的计算公式(式中 $i=1,2,3,\cdots$)的一般形式是 __A__ 。

     A. $\Delta_i = i\Delta$、$C_i = 2R\sin\Delta_i$ B. $\Delta_i = i\Delta$、$C_i = R\sin\Delta_i$

     C. $\Delta_i = i\Delta$、$C_i = 2R\cos\Delta_i$ D. $\Delta_i = i\Delta$、$C_i = R\cos\Delta_i$

20. 取得正确的施工测量起始依据,是施工测量准备工作的核心,施工测量起始依据主要包括3个方面:(1)通过检定与检校取得测量仪器与钢尺的检定与检校数据;(2)通过对设计图纸的核校与参加图纸会审,取得正确的定位依据、定位条件及建(构)筑的自身设计尺寸;(3) __A__ 。

     A. 通过核管与校测取得正确的测量依据点位及数据

     B. 通过实测取得施工现场地面高程

     C. 通过实测取得施工现场地下各种建(构)筑与管线位置

     D. 通过与施工组织设计联系,取得施工现场布置总图

四、问答题(5题,30%)

1. 什么是测量放线工作的基本准则?

答:(1)认真学习与执行国家法令与规范,明确为工程服务的工作目的;

(2)遵守先整体后局部的工作程序;

(3)严格审核测量起始依据的正确性,坚持测量计算工作步步有校核的工作方法;

(4)测法要科学、简捷,遵循精度要合理、相称的工作原则;

(5)定位放线工作必须执行自检、互检合格后,由主管部门验线的工作制度;

(6)要有紧密配合施工、团结协作、认真负责的工作作风；

(7)虚心学习努力开创新局面的工作精神。

2.水准测量测站上的基本工作是什么？前后视线等长的主要好处是什么？

答：水准测量测站上的基本工作是：

(1)安置仪器，定平圆水准盒；

(2)照准后视、消除视差、读后视读数(a)，若为微倾水准仪应先定平长水准管再读数，读数后再检查水准管；

(3)照准前视、消除视差、读前视读数(b)，若为微倾水准仪应先定平长水准管再读数，读数后再检查水准管；

(4)做记录并计算高差(h)或视线高(H_i)及高程(H)。

前后视线等长的主要好处是可以消减视准轴 i 角误差的影响、消除弧面差与折光差和减少对光以提高观测精度与速度。

3.建筑物定位放线的基本步骤是什么？

答：(1)校核定位依据柱；

(2)根据定位条件测设建筑物四廓外的矩形控制网，要经闭合校核；

(3)在建筑物矩形控制网的四边上，测设各大角与各轴线的控制桩；

(4)测设建筑物四大角桩与各轴线桩；

(5)按基础图测设开挖边界并撒灰线；

(6)经自检、互检与上级验线合格后，填写"工程定位测量记录"单，提请监理单位验线。

4.什么是建筑红线？在施工中的作用是什么？使用红线要注意什么？

答：建筑给线是城市规划行政主管部门批准并实测的建设用地位置的边界线，是建筑物定位的依据。

使用红线要注意：

(1)使用前要校测其桩位；

(2)施工中要保护好桩位；

(3)沿红线新建的建(构)筑物定位放线后，应由规划部门验线合格

后,方可破土;

(4)新建建筑物不得压、超红线。

5. 什么是自动安平水准仪的基本构造、原理与使用要点?

答:自动安平水准仪是在微倾水准仪的基础上改进而成,它取消了微倾螺旋与水准管,而在望远镜中装有自动补偿设备,当望远镜在略有倾斜时,由于重力作用能使视线自动补偿成水平。使用自动安平水准仪时,也必须先将圆水准盒定平,即达到望远镜概略水平,这时自动补偿设备才能有效地使视线水平。

参 考 文 献

[1] 中华人民共和国住房和城乡建设部.工程测量规范(GB 50026—2007)[S].北京:中国建筑工业出版社,2007.
[2] 中华人民共和国住房和城乡建设部.建筑变形测量规范(JGJ 8—2007)[S].北京:中国建筑工业出版社,2007.
[3] 中华人民共和国住房和城乡建设部.建筑施工安全技术统一规范(GB 50870—2013)[S].北京:中国建筑工业出版社,2014.
[4] 建设部干部学院.测量放线工.[M].武汉:华中科技大学出版社,2009.
[5] 建筑工人职业技能培训教材编委会.测量放线工[M].2版.北京:中国建筑工业出版社,2015.
[6] 建设部人事教育司.测量放线工[M].北京:中国建筑工业出版社,2002.